KB182779

오늘부터 나는 우리 아이 다시 키우기로 했다

부모와 아이 모두 변화를 이끄는 긍정 행동 육아

오늘부터 나는 우리 아이 다시 키우기로 했다

김화정 지음

프롤로그

부모가 변하면 부모와 아이 모두 행복해진다

나는 19년 차 초등학교 교사이다. 어릴 적 요리하는 것을 좋아해서 요리사가 되고 싶었다. 그래서 관련 학과에 진학했다가 하나의 질문을 품게 되었다. 바로 '진짜 내 꿈이 뭘까?'이다. 나는 이 질문에 대한 답을 찾기 위해 방황을 했었다. 지금 생각하면 그 방황의 시간이 나를 위한 진짜 시간이었다는 생각이 든다. 나는 아이들과 노는 것이 참 좋았다. 그래서 다시 수능을 치고 교대에 가게 되었다. 초임 교사 시절에도 처음이라 어려움은 있었지만, 아이들과 함께 있는 것이 즐거웠다. 교사 생활을 하면서 수많은 아이를 만났는데 유독 마음이 아픈 아이들에게 눈이 많이 갔다. 마치 아픈 손가락처럼 말이다. 나는 아이들이 행복한 삶을 살 수 있게 이끌어 주고 돕고 싶었다. 그래서 아이들에게 도움을 주기 위해 모르는 것을 하나하나 배워나갔고 그 앎을 실천하면서 행복을 느끼는 아이들을 보게 되었다. 그 보람 하나로 지금도 배우고 실천하는 중이다.

19년 교직 생활 중 가장 기억에 남는 아이가 있다. 처음으로 내가 교직을 떠나야 하나 하는 생각을 들게 하는 아이였다. 그 아이와 일 년을 보내면서 나는 모든 것이 변했다. 내 생각, 마음가짐, 행동까지. 나는 한 인간으로서 아주 많이 성장하게 되었고 그 아이 덕분에 학교에서 적응하기 힘든 아이와 그로 인해 힘들어하시는 부모님 그리고 선생님까지 도울 수 있게 되었다. 그 아이에게 정말 감사하다는 생각이 든다. 만약 내가 모든 상황을 그 아이 탓하며 교직을 떠났다면 나는 이런 행운을 얻지 못했을 것이다. '위기가 기회'라는 말처럼 그 후 나는 변화했고 변화한 나는 학급에서뿐만 아니라 가정에서도 자녀와 남편과 좋은 관계를 유지하며 행복하게 지내고 있다.

지금 아이를 키우는 부모들은 불안과 걱정으로 인해 진짜 부모가 바라보고 추구해야 하는 가치를 놓치고 있다. 불안과 걱정을 내던지고 우리 아이가 행복한 삶을 살기 위해 도울 수 있는 가장 첫 번째 길이 부모의 마음을 긍정적으로 변화시키는 것이다. 아이들은 어릴수록 부모의 영향만 받고 자란다고 해도 무방할 정도로 많이 받는다. 부모가 우주고 아이들은 그 안에서 자라기 때문이다.

지금 "우리 아이를 어떻게 키워야 하지?"라고 고민이 된다면 이 책을 펴보고 실천해 보자. 이 책은 육아에 대한 두려움과 걱정에 대신 긍정과 확신이라는 터에 내 아이에 대한 이해라는 주춧돌을 올리고 그 위에 아이의 올바른 성장을 위한 부모의 원칙이라는 기둥을 세운 다음 강력한 실천 방법으로 지붕을 올려 긍정 행동 육아라는 하나의 집을 설계했다. 그리고 마지막으로 나는 어떤 부모가 되어야 할지에 대해 생각해 보고 집에 어울리는 아름다운 정원까지 완성함으로써 부모와 아이 모두 행복으로 이끈다.

나 또한 가정에서 아이를 키우는 데 어려움이 많았다. 그런데 그 어려움 속에서 허우적대고만 있지 않았다. 그 속에서 '어떻게 하면 현명하게 해결할 수 있을까?'에 항상 초점을 맞추며 살아왔다. 순간순간 어려움이 닥칠 때도 있고 실패도 마주했지만, 그만큼 용기를 내고 도전도 했다. 그래서 아이를 키우시는 부모님들에게 당당하게 말할 수 있다. 부모가 변하고자 노력할수록 아이들은 더욱 더 행복해진다고 말이다. 그리고 그사이 '행복한 나'까지 만나게 된다고.

19년 동안 아이들과 지내면서 부모가 변하는 순간 아이가 급속도로 변화하는 것을 수없이 경험했다. 더 좋았던 것은 부모와 아이의 관계가 달라지면서 아이의 표정이 밝아지고 부모 또한 육아에서 행복함을 느끼게 되었다는 것이다. 행복의 선순환이 일어나는 것이다. 선순환의 삶을 산다는 것은 내 세계를 긍정으로 이끄는 것과 같다. 아이가 행복하니 나도 행복하고 내가 행복하니 아이도 행복하고 세상 모든 만물이 행복해지는 것이다. 부모와 아이 모두 행복을 누리기 위해 태어났다. 그 행복을 누리는 데 도움이 되었으면 하는 간절한 바람으로 이 책을 선사한다.

마지막으로 긍정적인 마음가짐을 가질 수 있도록 나를 변화시켜 준 모든 아이에게 감사의 말을 전한다.

"감사합니다. 사랑합니다."

김화정

※ 본 사례에 실린 이름은 모두 가명입니다.

contents

1 장

우리 아이 어떻게 키워야 할까?

아이, 마음속에서 길을 잃다

아이의 올바른 성장은 부모의 '원칙'에 달렸다

4 장

부모와 아이 모두 변화를 이끄는 긍정 행동 육아

5 장

나는 어떤 부모가 되어야 할까?

#

1 장

우리 아이 어떻게 키워야 할까?

01 불안한 엄마 상처받은 아이

아침에 교실 문을 들어서는 순간, 항상 나에게 오는 민영이라는 아이가 있다. 민영이는 매일 아침 "선생님, 저 어제 다쳤어요. 여기 아파요."라고 말한다. 매시간 "배가 아파요.", "다리가 아파요.", "목이 아파요."라고 말하며 심지어 점심시간에도 "선생님, 손가락이 아파요. 피나요." 하면서 세상이 무너질 듯한 표정으로 나에게 손가락을 보여 준다. 그런 민영이에게 나는 서랍 속 밴드를 꺼내 손가락에 붙여준다.

내 책상 서랍 속에는 항상 밴드가 있다. 아이들이 작은 상처로 아프다고 나에게 오면 밴드를 붙여준다. 그냥 보기에는 몸의 상처에 밴드를 붙여주는 것 같지만 나는 아이들 마음의 상처에 밴드를 붙여준다. 내가 밴드를 붙여줄 때면 아이들은 나를 물끄러미 쳐다

보고 있다. 그리고 내가 "호" 하면서 "이제 다 나았네."라고 말하면 아이들은 만족스러운 표정을 지으며 자신의 자리로 돌아간다.

나에게 아프다고 자주 오는 아이들은 관심이 필요한 경우가 대부분이다. 이전에는 누구도 자신에게 관심을 주지 않다가 본인이 아프다고 했을 때 관심을 받는 경험이 쌓이면 가장 안전하다고 느끼는 사람에게 관심을 계속 갈구한다. 특히 엄마가 불안한 경우, 아이들은 선생님에게 "관심을 받고 싶어요."라는 말 대신 "아파요."라고 말한다.

우리 반 윤서는 집에 혼자 있는 시간이 많다. 어머니는 생계를 위해서 어쩔 수 없이 윤서가 잠들어야 오시고 아버지 또한 직장 때문에 떨어져 살아서 사람을 많이 그리워한다. 하루는 윤서가 방과 후 친구와 놀고 있었는데 진수가 윤서를 놀렸다. 그래서 화가 난 윤서는 진수를 밀쳤다. 진수가 넘어지면서 철봉에 부딪혀 입술에서 피가 나고 이가 흔들거리게 되었다. 다음날, 나는 입술이 붇고 멍들어 있는 진수를 보았다. '내가 봐도 안쓰러운데 부모님 마음이 어떠셨을까?' 하는 생각이 들었다. 그래서 바로 진수 어머니께 전화를 드렸다. 진수 어머니께서는 어제 치과에 가서 진료를 받았는데 다행히 이는 괜찮다고 하셨다. 처음에 진수 얼굴을 보고 너무 놀라서 말문이 막히더라고 말씀하셨다. 진수가 친구를 놀린 건 잘못이지만 다쳐오니 속상한 건 어쩔 수 없는 부모 마음이라고 하셨다.

진수 어머니와 전화를 끊고 윤서 어머니께 전화를 드렸다. 어제 있었던 일에 대해 말씀을 드렸다. 윤서 어머니께서는 아이가 다쳤으니 아이는 괜찮냐고 물어야 하는데 상대방 아이가 먼저 원인 제공을 했으니 자신 아이의 잘못만은 아니라는 것이었다. 여러 차례 상황에 대해 말씀드렸지만, 윤서 어머니는 똑같은 말만 반복하셨다. 나는 윤서 어머니의 완강한 태도에 더 말씀을 드리지 못하고 통화를 끝냈다.

다음 날이었다. 윤서의 표정이 심상치 않았다. 그래서 내가 윤서에게 "무슨 일 있었어?"라고 물어보니 화가 난 엄마가 "너 때문에 못 살겠다. 도대체 왜 넌 사고만 치고 다니냐."면서 소리를 질렀다고 했다. 윤서는 그런 엄마가 너무 무서워서 말도 제대로 못 했다고 했다. 윤서와 이야기를 끝내고 어머니께 전화를 드렸다. 어머니께서는 다짜고짜 "왜 선생님 이야기와 윤서의 이야기가 다른가요? 뭐가 진실인가요?"라고 언성을 높이시며 말씀하셨다. 그래서 내가 "윤서와 이야기해 보니 저에게 이야기할 때와 달리 어머니와 이야기할 때 기억이 잘 안 나서 어머니께 잘못 전달한 부분이 있었다고 하네요."라고 말씀드렸다. 윤서 어머니께서는 진실을 알고 싶다며 그 상황에 대해 구체적으로 확인해 달라고 하셨다. 그래서 나는 윤서 어머니께 이렇게 말했다.

"네. 어머니. 그 부분은 제가 다시 한번 아이들과 이야기해 보고 말씀드릴게요. 그런데 만약에 윤서가 다쳐서 입술이 퉁퉁 붙고 이가 흔들리면 어떻겠어요. 얼마나 속상하시겠어요. 윤서를 위해서 윤서가 다친 아이에게 진심으로 사과하고 올바른 행동이 무엇인지 배울 기회를 주셨으면 좋겠어요."

윤서 어머니는 이렇게 말씀하셨다.

"선생님, 친구를 밀쳐서 다치게 한 건 저희 아이가 백번 잘못했어요. 제가 같이 있어 주지 못하니까 저 때문에 아이가 그런 행동을 하는 것 같아 스스로 화가 많이 났던 것 같아요. 그래서 아이를 다그치고 선생님께 화까지 낸 것 같아요. 선생님, 정말 죄송해요."

"어머니, 윤서가 수업 활동도 적극적으로 참여하고, 발표도 씩씩하게 잘해요. 그런데 항상 제 곁에 아프다고 와 있어요. 어머니 사랑이 많이 필요로 하는 건 사실이에요. 어머니께서 같이 있어 주지 못해서 불안해하시면 결국 상처받는 것은 아이예요. 오래 같이 있어 준다고 다 좋은 엄마는 아니에요. 엄마가 집에 있다고 모든 아이가 잘 자라는 것도 아니고요. 주어진 시간을 무엇으로 채우느냐가 중요해요. 그 시간을 믿음과 사랑으로 가득 채웠으면 좋겠어요. 어머니께서는 윤서 잘 클 거라고 믿으시고 짧은 시간이라도 윤서 꼭 안아주시고 사랑한다고 말해주세요. 학교에서는 제가 잘 살펴볼 테니 걱정하지 마세요."

"선생님, 정말 감사해요. 저도 힘낼게요. 그리고 상대방 부모님께 제가 진심으로 사과드릴게요."

학교폭력 전담 기구가 들어오면서 가끔 학교가 경찰서인지 법원인지 헷갈릴 때가 있다. 학교는 아이들의 잘잘못을 가리는 위해 있는 곳이 아니라 배우기 위해 있는 곳이다. 아이들은 잘못할 수 있다. 학교는 여러 상황 속에서 아이들이 갈등이 생겼을 때 어떻게 해야 하는지 올바른 방법이 무엇인지 배워나가는 곳이다. 하지만 보지도 못한 상황을 아이들의 이야기만 듣고 파악만 하는 선생님이 어떻게 잘잘못을 가리겠는가? 또한, 아이들을 가해자, 피해자로 나누어서 보는 시선이 참 불편하다. 중요한 것은 부모도 그런 시선으로 아이들의 잘잘못을 가려달라고 하는 것이다. 아이들의 잘잘못을 가리다 보면 부모의 자존심 싸움으로 변해 있다. 아이들은 서로 사과하고 사이좋게 지내는데 부모는 옆에서 상대방 아이의 잘못만 들춰내고 있으니 이런 상황에서 아이들은 무엇을 배울 수 있을까? 결국, 아이 마음에 상처만 남기게 된다.

아이들과 창의적 체험활동 시간에 글쓰기 수업을 했다. 만약 내가 원하는 것을 모두 이루어주는 요술 방망이를 만들 수 있다면 어떤 요술 방망이를 만들겠냐고 아이들에게 물어보았다. 아이들은 “공부 잘하게 해주는 방망이요.”, “친구 많아지게 하는 방망이요.”, “칭찬해 주는 방망이요.”, “돈 많이 벌게하는 방망이요.”라고 말하며 웃음바다가 되었다. 마지막으로 민희가 “저는 엄마를 혼내주는 방망이요.”라고 말했다.

민희의 말에 모두가 놀랐다. 왜냐하면, 민희는 돌아가면서 모두가 발표할 때만 말을 할 정도로 말이 없고 조용한 아이였기 때문이다. 그래서 내가 “왜 엄마를 혼내주는 방망이가 필요해?”라고 민희에게 물었다. 민희는 “엄마가 저 어렸을 때 말 안 듣는다고 잘 때까지 때렸어요. 저도 엄마를 실컷 때려주고 싶어요.”라고 말했다.

수업이 끝나고 민희를 불러서 이야기를 나누었다.

“민희야, 지금도 엄마가 민희를 때리시니?”

“아니요. 지금은 안 때리세요. 학교 들어오기 전까지 많이 때리셨어요. 지금은 엄마가 좋은데 나를 때릴 때 화난 엄마의 얼굴이 불쑥불쑥 생각나요. 그럼 너무 괴로워요. 엄마가 진심으로 사과하면 괜찮을 것 같아요.”

민희와 이야기를 마친 후, 민희 어머니와 통화를 했다. 수업 시간에 있었던 일을 어머니께 말씀드렸다. 나의 이야기를 듣고 어머니께서 이렇게 말씀하셨다.

“선생님, 아이가 어렸을 때 아이의 문제 행동 때문에 감당이 안 되었어요. 그래서 아이 키우는 게 너무 힘들었고 말을 안 들으니까 때리게 되었어요. 지금은 안 그래요. 그때는 저도 왜 그랬는지…. 그냥 사는 게 힘들고 ‘저 아이를 잘 키울 수 있을까?’ 하는 생각이 들곤 했어요. 그런 생각이 들수록 불안해지고 아이 얼굴 보는 게 지옥 같았어요.”

“어머니, 지금은 민희가 학교에서 조용하고 말이 없어서 몰랐어요. 학교 들어오기 전에는 달랐나요?"

"네. 유치원 다닐 때만 해도 문제 행동이 심해서 유치원에서 하루가 멀다고 전화가 왔었어요. 유치원에서 전화 올 때마다 불안이 올라오고 불안한 마음에 아이를 계속 다그치게 되었어요. 그런데 학교 가서 아이가 완전히 변했어요. 처음에는 아이가 문제 행동을 보이지 않아 좋았는데 시간이 지날수록 내가 준 상처로 마음에 병이 드는 건 아닌가 하고 걱정이 되더라고요. 저는 민희가 오늘 자신의 마음을 말하게 되어 다행이라고 생각해요. 민희가 선생님은 믿나 봐요. 오늘 민희와 같이 맛있는 것 먹으면서 이야기도 나누고 사과도 해야겠어요. 선생님, 전화 주셔서 감사합니다."

요즘은 불안의 시대이다. 사회가 불안으로 가득 차 있으니 그 사회 속의 구성원들도 불안을 안고 살 수밖에 없다. 불안이라는 감정을 안고 살면 살수록 불안에 휘둘리게 된다. '내가 아이와 오래 있지 않아서….', '내가 부족해서….', '남들만큼 해주지 못해서….'라는 생각들이 불안을 만들어낸다. 엄마의 불안 속에서 상처받는 것은 아이밖에 없다. 엄마가 불안하면 아이도 불안이라는 감정을 껴안고 살 수밖에 없기 때문이다. 그런 아이들은 학교 와서 나에게 온몸으로 말한다. "선생님, 저 비빌 언덕이 필요해요."라고 말이다. 엄마가 불안을 내던져야 아이가 상처받지 않고 잘 자란다는 것을 잊지 말자!

엄마도 엄마가 처음이라 서툴다

첫 아이를 낳고 내가 육아 휴직을 해서 아이를 키울지 도움을 받을지 고민이 되었다. 그때 어머니께서 “뿌리 깊은 나무는 바람에 흔들리지 않는다. 다른 거 없다. 아이가 어렸을 때 엄마의 사랑을 듬뿍 받고 자라야 몸과 마음이 건강한 아이로 자란다.”라며 육아 휴직을 권하셨다. 하지만 나는 육아 휴직이 썩 내키지 않았다. 왜냐하면, 자식을 이미 키우신 선생님들께서 “옛말에 애 볼래? 밭맬래?”라고 물으면 밭매러 간다고 한다며 집에서 애 키우는 거 쉽지 않다고 했다. 그러며 학교 와서 아이들과 수업하고 오후에 커피도 한잔 마시고 집에 가서 방긋방긋한 얼굴로 아이 마주하는 것이 아이 잘 키우는 지름길이라고 말씀하셨기 때문이다. 들어보니 그 말도 맞는 말이라는 생각이 들었다.

이러지도 저러지도 못하고 고민하고 있을 때 우연히 스님이 쓰신 책을 읽게 되었다. 스님이 쓰신 책을 읽으면서 36이라는 숫자가 눈에 들어왔다. 그 책에서 부모가 아이를 36개월 동안 정성과 사랑으로 키우면 아이가 신체적으로 정신적으로 건강하게 잘 자랄 수 있다고 하셨다. 그 말을 되뇌며 '그래. 아이는 내 손으로 키워야지.' 하는 생각으로 육아 휴직에 들어갔다.

처음에는 열정과 의지로 아이를 열심히 키웠다. 육아에 필요한 책이란 책은 모조리 사서 읽었다. 책을 읽고 아이에게 필요하다고 생각한 것을 일상 루틴에 넣어서 하루 일과표를 만들었다. 일어나는 시간부터 식사 시간, 놀이 활동시간, 책 읽는 시간, 간식 먹는 시간, 낮잠 자는 시간, 목욕하는 시간, 잠자는 시간까지 써서 메모판에 붙였다. 그리고 그 일과표대로 실천했다. 그때는 내가 그 일과표에 나를 가두어 넣고 있는지 몰랐다. 내가 잘하고 있는 줄 알았다. 나 스스로 '아이를 위해 이렇게 해주는 엄마가 어디 있어?' 라는 생각을 하면서 내가 대견스럽기까지 했다.

매일 짜인 일과표대로 지내다 보니 갑갑하기 시작했다. 첫째가 6개월 되었을 때 할 줄 아는 말이라곤 "맘마" 밖에 없었다. 온종일 말도 못 하는 첫째와 집에 단둘이 있는 것이 고역이었다. 그래서 이렇게 있다가는 우울증 걸리겠다는 생각이 들어서 첫째를 데리고 문화센터에 가기로 마음을 먹었다. 문화센터에 가려고 하니 제일 먼저 드는 생각이 '무슨 강좌를 듣지?' 였다. 바로 인터넷 검색을 시작했다. 몇 시간 검색 끝에 인기 강좌가 무엇이 있는지 알게 되었고 강좌 신청까지 일사천리로 끝냈다. 나도 모르게 뭔가 뿌듯했다.

첫째를 데리고 문화센터를 간 첫날, 첫째는 차가 출발하자 울기 시작했고 가는 내내 차 안에서 울었다. 나는 운전하는 내내 마음이 조마조마하고 불안했다. 그렇게 우여곡절 끝에 문화센터에 갔지만 첫째는 운다고 힘을 다 뺐는지 유모차에 싣자마자 자는 것이 아닌가? 이런 상황에 나도 모르게 웃음이 났다. '나를 놀리는 건 아니겠지?' 하면서 말이다.

잠든 첫째를 겨우 깨워서 수업에 들어갔다. 잠을 제대로 자지 못한 첫째는 낯선 환경이 자극되었는지 울기 시작했다. 그래서 나는 밖으로 나와 첫째를 안고 문화센터를 돌아다닐 수밖에 없었다. 품에 안긴 첫째는 다시 잠이 들었고 수업이 끝나서야 일어났다. 잠을 푹 잤는지 나를 보고 방긋방긋 웃는 첫째를 보면서 허탈한 웃음만 나왔다. 그렇게 첫 문화센터 입성은 우여곡절이 많았다. 이쯤 되면 '문화센터를 꼭 가야 하나?'라는 생각이 들 것 같지만 나는 '문화센터를 꼭 가야지!'라는 생각이 더 들었다. 그래서 그다음 주, 나는 전날부터 문화센터를 가기 위해 첫째를 일찍 재웠다. 그리고 아침에도 첫째를 일찍 깨워 오전에 잠을 재운 후 문화센터에 갔다. 그런 첫째는 기분이 좋아 보였다. 수업에 들어가면서 '제발 적응 잘하게 해주세요. 수업만 들을 수 있게 해주세요.'라고 빌었다. 나의 간곡한 부탁과 달리 첫째는 또 나에게 매달려 있었다. 나중에 알게 되었다. 첫째의 기질도 모르고 신에게 과한 부탁을 했다는 것을 말이다.

그때 다른 아이들이 눈에 들어왔다. 다른 아이들은 저렇게 적응도 잘하고 활동도 잘하는데 우리 첫째는 '왜?' 하면서 나도 모르게 비교를 하기 시작했다. 문화센터에 가는 횟수가 늘어날수록 모든 아이와 첫째를 비교하는 나를 보게 되었다. 다른 아이들보다 못하는 첫째를 보면서 "너도 다른 아이들처럼 이렇게 해봐."라고 채근하기 시작했다.

첫째가 문화센터에 가서 활동을 잘한 날과 잘하지 못한 날에 따라 나의 기분이 들쑥날쑥했다. 처음 느껴보는 감정이었다. '내가 이렇게 감정 변화가 심한 사람이었나?' 싶을 정도로 말이다. 결국, 내 욕심이었다는 것을 알게 되는 순간 첫째는 자유롭게 자기만의 방식으로 새로운 공간에 적응했다. 단지, 시간이 걸렸을 뿐이다. 그리고 다른 아이들도 그런 시간을 겪었다는 사실을 내가 알지 못했던 것이다.

우리가 아이를 키우면서 가장 조심해야 하는 것이 '비교'이다. 비교는 아무에게도 도움이 되지 않는다. 비교는 불안을 낳고 불안은 부정적인 감정으로 표현되기 때문이다. 말을 못 하는 아이일수록 부모의 감정을 더욱 강렬하게 느낀다는 것을 알아야 한다.

첫째는 아토피가 심했다. 어렸을 때는 태열이라고 했지만, 날이

갈수록 더 심해졌다. 아토피에 좋다는 것은 다 해보았지만 결국 할 수 있는 것은 피부과에 가서 처방받은 약을 바르고 보습을 하는 것이었다. 그리고 음식이 많은 영향을 줄 수 있다는 생각에 이유식에 신경을 쓸 수밖에 없었다. 아이가 잠들면 이유식을 만들었다. 유기농 가게에서 이유식 재료를 사서 정성 들여 손질해서 아침, 점심, 저녁 다양한 메뉴로 이유식을 만들었다. 아이가 잠에서 깨면 기쁜 마음으로 아이에게 이유식을 들이밀었다. '첫째가 좋아하겠지? 맛있게 먹었으면 참 좋겠다.'라는 마음으로 첫째에게 이유식을 한 숟가락 떠서 입 앞으로 가져갔다. 그리고 '제발 한 입만 먹어.'라는 간절한 눈빛으로 아이를 쳐다보았다. 첫째는 이유식을 입에 대는 순간 고개를 돌렸다. 하지만 나는 포기하지 않고 또 들이밀었다. 첫째는 입을 꼭 다물고 쳐다보지도 않았다. 그렇게 몇 분 동안 실랑이하다가 결국 첫째는 울었고 식탁에서 내려올 수밖에 없었다.

'엄마가 이렇게 고생해서 만들었는데 먹지도 않고….'라는 생각이 드는 순간 아이가 야속했다. 그리고 엉망진창이 되어있는 부엌을 보니 더 속상했다. '이유식 만드는 시간에 잠이라도 잘걸.'하고 후회가 밀려왔고 '내가 뭘 위해 이러고 있나.'라는 생각에 한숨이 절로 나왔다. 결국, 남은 이유식은 내 몫이었고 아이가 남긴 이유식만 먹다 보니 매운 음식은 입에도 못 대는 내가 되어있었다.

나는 교사의 기질을 발휘하여 집에서 아이와 다양한 미술 활동,

요리 활동, 놀이 활동 등 내가 해줄 수 있는 것은 다 했던 것 같다. 하루는 아이와 밀가루를 이용한 요리 활동을 했다. 내가 잠시 눈을 돌린 사이 아이가 밀가루를 온 집안에 다 쏟았다. 그 찰나에 남편이 퇴근해서 그 광경을 보게 된 것이다. 남편은 아무 말 없이 옷을 갈아입고 청소를 하기 시작했다. 청소를 다 하고 난 남편이 나에게 이야기를 하자고 했다. 그리고 남편은 나에게 이렇게 말했다.

"당신 이런 거 하지 말고 그 시간에 좀 쉬어. 아이를 위해 요리 활동 해주는 것은 좋지만 몸이 힘들면 결국 짜증 나고 화가 나잖아. 그럼 해준 것보다 더 못한 게 되잖아. 멀리 내다보면 그게 더 속상한 일이 아닐까? 나는 잘하려고 노력은 했으나 결과가 내 맘같이 되지 않을 때처럼 말이야."

그 말을 듣는 순간 속상했다. 내가 이렇게 열심히 아이를 보고 있는데 잘했다는 말은 고사하고 나를 비난한다는 생각이 들었다. 그 순간 '내가 이런 말까지 들으며 아이를 키워야 하나?' 하는 생각에 한없이 우울했다. 다음날, 아이를 재워놓고 커피를 한잔 마시는데 남편의 말이 문득 떠올랐다. 그때 이런 생각이 들었다.

'그래. 남편 말대로 내가 왜 이러고 있지? 결국, 아이를 잘 키운다는 말이 듣고 싶어서 내가 나를 힘들게 하고 있었구나. 첫째는

내가 옆에만 있어도 잘 크는데 말이야.'

그날 저녁 『동갑내기 울 엄마』라는 동화책을 첫째와 읽게 되었다. 동화책 주인공인 일곱 살 은비가 아프신 할머니 병문안을 갔다. 그때 할머니가 손녀 은비에게 이렇게 말했다.

"은비, 일곱 살이지? 네 엄마도 은비 엄마가 된 지 일곱 살이란다. '엄마 나이'로 겨우 일곱 살이니 모르는 것도 많고, 힘든 일도 많을 거야."

나는 그 장면을 읽으며 얼마나 울었는지 모른다. 첫째가 한 살이면 '엄마 나이' 겨우 한 살이라는 생각이 드는 순간, 나에게 '화정아, 엄마가 처음이라 그런 거야. 처음은 누구나 그래. 서툴러. 그래도 잘하고 있잖아. 자신감 가져도 돼.'라고 말하며 나를 위로해 주는 것 같았다. 나는 육아를 하면서 힘들 때마다 그 책을 꺼내 읽으며 위로받고 자신감을 얻었다.

지금 우리 세대가 바라보는 육아란 힘든 것, 내 삶을 빼앗기는 것, 자유롭지 못한 것이라는 생각을 많이 하는 것 같다. 결국, 육아도 내가 생각하기 나름이다. 내가 육아의 정의를 힘든 것이라고 내리는 순간, 육아가 나에게 힘듦으로 다가온다.

나는 육아를 하면서 상대의 눈높이에서 바라보는 배려도 배우고 기다림을 통해 인내도 배우고 상대의 마음 또한 헤아릴 수 있는 공감도 배울 수 있게 되었다. 그리고 아이를 통해 나를 마주하게 되었고 내면을 치유하게 되면서 평화로워졌다. 믿음과 사랑 그리고 감사의 가치를 마음속 깊이 새기게 되면서 나는 행복해졌다. 지금 육아 중인 엄마도 자신에게 육아가 어떤 의미로 다가오는지 한번 되돌아보았으면 좋겠다.

어느덧 중3이 된 첫째에게 말해주고 싶다.

"엄마는 그때도 지금도 너를 사랑하는 마음은 변함이 없단다. 단지 처음이라 서툴렀을 뿐이란다."

엄마라는 이유로 완벽할 필요는 없다

첫 아이를 낳았을 때 누구보다 아이를 잘 키우고 싶었다. 그래서 내가 할 수 있는 모든 것을 아이를 위해 쏟아부었다. 결국, 나는 병을 얻었고, 아이와 떨어져 지낼 수밖에 없었다. 그때 '내가 애쓰는 만큼 더 내가 원하는 대로 되지 않구나.'라는 생각이 들었다.

직장에 나가서는 좋은 선생님이 되고 싶었고 가정에서는 좋은 엄마가 되고 싶었고 남편에게는 좋은 아내가 되고 싶었다. 그래서 직장에 있든 가정에 있든 완벽해 보이고 싶었던 것 같다. 그 사이 완벽한 엄마라는 타이틀 안에서 나를 증명하기 위해 부단히 애를 썼다. 직장에서도 마찬가지였다. 나는 '내가 모른다는 것을 들킬까 봐.', '내가 서툴다는 것을 사람들이 알까 봐.' 항상 초조했던 것 같다. 내가 잘 모르면 사람들이 '나를 무시하지 않을까?', '나를 업

신여기지 않을까?' 하는 생각이 저편 언저리에 있었던 것 같다. 하지만 좀 살아보니 세상에 완벽한 사람이 없다는 것을 알게 되었다. 내가 완벽해지려면 할수록 나 스스로 생각의 감옥에 가두어 불행해진다는 것을 아이를 키우면서 깨닫게 되었다.

아이를 낳고 아이를 잘 키우고자 했지만, 어느 순간 아이에게 화를 내는 내 안의 또 다른 나를 마주하는 순간이 있었다. 나도 그런 내가 낯설었다. 아이의 숙제를 봐주다가 아이가 잘 모르면 알려주기만 하면 되는데 핀잔을 주는 나를 발견할 때가 있다. 그런 날이면 나도 모르게 모든 일상이 짜증스럽고 마음에 들지 않았다. 남편은 그런 나를 밖으로 데리고 나와 나의 이야기를 들어주고 기분전환을 시켜주었다. 집으로 돌아온 남편은 항상 아이에게 가서 상황에 관해 이야기하고 아이의 마음까지 헤아려 주었다.

하루는 남편이 나에게 왜 그렇게 완벽하게 하려고 하냐고 했다. 모든 것을 완벽하게 하다 보면 몸과 마음이 지쳐 결국 탈이 난다고 했다. 열심히 하고 노력하는 것은 좋은데 차분이 앉아서 우선순위를 생각해 보았으면 좋겠다고 했다. 그리고 아이를 아끼고 사랑하는 만큼 자신을 아끼고 사랑했으면 좋겠다고 말했다. 그 말을 듣는 순간, 나는 눈물이 앞을 가려 말을 잇지 못했다. 나는 그때 '너는 선생님이잖아. 그러니 아이도 잘 키워야지. 그래야 학교에서도 사회에서도 인정을 받지.' 하면서 계속 나를 다그쳤다는 것을 알게 되었다. 그날 나는 나를 마주 보게 되었다. 거울 속에 비친 나는 힘들어 보이고 슬퍼 보였다. 그런 나에게 이렇게 말해주었다.

"화정아, 너무 잘하려고 하지 마. 지금도 충분해. 그러니 마음 편히 가져도 돼."

이 말을 내가 나에게 하는 순간 내 눈앞에 펼쳐지는 현실이 달라지기 시작했다. 제일 먼저 가슴이 뻥 뚫리고 숨통이 트였다. 왜 그렇게 답답했는가 싶었더니 내가 완벽해지려고 항상 타인의 시선을 의식하고 있었기 때문이었다. 타인의 시선에서 벗어나니 자유가 주어지고 행복감이 밀려왔다.

나는 엄마가 손수 음식을 해줘야 좋은 엄마라고 생각했다. 엄마가 손수 만든 음식에는 사랑과 정성이 들어있다고 생각했기 때문이다. 그래서 이유식을 사다 먹이는 엄마를 보면 '어떻게 어린아이가 먹는 이유식을 믿지도 못하는 사람이 만드는 것을 먹이지.'라고 생각했다. 지금 생각하면 멀리 있는 유기농 가게에 가서 재료를 사서 손질하고 아이가 잘 때 쉬지도 않고 이유식을 만든 내가 더 어리석었는지도 모르겠다. 시간이 지나고 나서 알게 되었다. 이유식을 만들어 먹이든 사서 먹이든 그것이 중요한 것이 아니라는 것을 말이다. 이유식을 만들어 먹인다고 더 좋은 엄마는 아니라는 말이다. 차라리 이유식을 사 먹이더라도 아이가 자는 시간에 쉬고 밝은 에너지로 아이와 행복한 시간을 보내는 엄마가 어쩜 완벽한 엄마가 아닐까 싶다.

우리나라 출생률이 지난해 사상 최저치인 0.72명까지 떨어졌다. 그중 인구가 가장 많은 서울이 출생률이 가장 낮았다. 아이를 낳기도 전에 부모가 짊어져야 할 걱정이 먼저 짐처럼 다가온다. 자녀를 위해서라면 뭐든 할 수 있다는 대한민국 부모의 굳은 신념이 서로의 경쟁을 조장한다. 이러한 경쟁은 모두를 낙오자로 만든다. 서로 경쟁할수록 부모 마음에 남는 것은 해주지 못한 것에 대한 후회밖에 없다.

올해 고3 아이를 둔 엄마를 만났다. 내가 "아이가 고3이라서 신경이 많이 쓰이겠어요?"라고 물어보니 "요즘 엄마 노릇하기 정말 힘들어요. 우리 때만 해도 대학은 알아서 갔는데 요즘에는 아이 대학 보내기 위해서 엄마도 대학 전형을 꿰뚫어야 할 판이에요. 온·오프라인 통틀어 엄청난 수의 매체들이 너도, 나도 그렇게 말하니 나도 꼭 그렇게 해야 할 것 같다는 생각이 들어요. 그리고 그렇게 해주지 못하면 나중에 나 때문에 좋은 대학 못 갔다는 생각에 땅을 치며 후회할 것 같아요. 지금의 우리 입시제도는 점점 더 완벽한 엄마만을 원하는 것 같아요. 엄마 되기 왜 이렇게 힘든지 모르겠어요."라며 하소연을 했다.

친한 선생님과 이야기를 하게 되었다. 이번에 아이가 중학교 가서 첫 시험을 쳤다고 했다. 아이가 중학교 가서 시험을 치고 생각지도 못한 점수가 적힌 성적표를 보고 이런 생각이 들었다고 한다. 내가 다시 아이를 키우면 지금처럼 아이를 키우지 않겠다고 말이다. 그래서 내가 "그럼, 다시 키우면 어떻게 키울 거예요?"라고 물으니 돌아오는 대답은 "그러게. 모르겠네."였다.

아이를 잘 키우는 것이 시험 점수로 잣대를 두고 판단할 만한 일인가 하는 생각이 들었다. 그럼 아이가 1등 하는 엄마 말고는 모두 아이를 못 키운 꼴이 아닌가? 육아조차도 점수로 판가름하는 우리나라 사람들은 육아 속에서도 아이를 완벽하게 만드는 데 많은 시간을 소비한다. 결국, 그때 남는 것은 뭘까? 자책하는 나밖에 없지 않을까? 요리를 잘 못 해서…. 다른 부모처럼 놀아주지 못해서…. 경제적으로 지원을 해주지 못해서…. 스스로 자책하게 된다. 얼마나 어리석은 일인가? 못한다는 기준은 누가 만들었는가 바로 내가 만든 것이다. 내가 만든 기준에 스스로 자책할 필요가 있을까?

둘째와 센터에 갔을 때이다. 내가 다니는 센터 원장님은 완벽해 보였다. 아름다운 외모뿐만 아니라 아이도 잘 키우시는 것 같았다. 책상 위에 항상 육아서가 놓여 있었는데 원서로 된 육아서를 읽고 계셨다. 나는 그 모습을 보면서 대단하다고 생각했다. 원장님은 센터를 차리기 위해서 시험을 치렀는데 몇백 명 중에 1등을 해서 상을 받았다고 하셨다. 그리고 남편이 의사였다. 내 눈에는 원장님의 모든 것이 정말 완벽해 보였다.

완벽해 보이는 원장님이 하루는 얼굴이 어두워 보이셨다. 무슨 일이 있냐고 여쭤보니까 센터에 수업해주시는 선생님이 문제를 일으킨 것이었다. 체육교육과를 나왔고 경력이 있어서 수업을 교육과정에 맞게 잘하리라 믿고 수업을 맡기셨다고 했다. 그리고 그전에 돈이 필요하다고 해서 월급까지 미리 지급했는데 급기야 그 돈을 들고 잠적한 것이다. 알고 보니 상습범이었다. 원장님은 걱정이 이만저만이 아니었다. 그러면서 나에게 하소연을 하셨다. 남편이 의사여서 주는 돈 받으며 집에서 아이만 키우고 있는 자신이 너무 초라해 보여서 센터를 차렸는데 결국 이런 일이 생겼다면서 눈물을 흘리셨다. 매일 남편에게 무시당하는 자신이 뭔가 할 수 있다는 것을 보란 듯이 보여주고 싶었는데…. 내가 더 완벽해지려고 하다가 이런 일까지 생겼다며 스스로 자책하셨다. 자책하시는 원장님께 내가 이렇게 말씀드렸다.

"원장님, 제 눈에 지금도 충분히 완벽하셔요. 문제는 문제에 주의를 기울일 때 커지는데 해결책에 주의를 기울이면 해결책이 보이더라고요. 해결책에 집중하시면 분명 잘 해결될 거예요."

엄마가 되면서 새로운 인생을 사는 기분이다. 이전까지 몰랐던 나를 알게 되었고 아이 덕분에 성장하게 되었다. 그리고 세상에 일어나는 모든 일이 나의 거울이라는 것을 깨닫게 되었다. 내가 완벽함을 원하면 원할수록 내가 부족하다는 것을 증명해 주는 일들이 일어난다는 것을 몸소 경험했다. 그리고 엄마가 자신에게 요구하던 완벽함을 아이에게 요구하는 순간 아이도 평생 결핍으로 살아가게 된다.

첫째가 중학교 가서 시험을 치고 나서 친정 엄마에게 물어보았다.

"엄마, 엄마는 왜 나 어렸을 때 공부해라는 소리 한 번 안 했어요?"

친정 엄마가 이렇게 말했다.

"부모가 공부해라는 소리는 아이가 공부를 안 할 거라는 불신을 아이에게 뿌리는 것이란다. 부모가 아이를 믿지 않는데 과연 공부를 할까?"

친정엄마의 말을 듣는 순간, 엄마로서 완벽해지려고 아등바등 애를 쓰는 것이 아니라 한 인간으로서 나를 바르게 세우는데 온 힘을 써야 한다는 생각이 들었다.

무엇이든 해주는 좋은 엄마가 아이를 망친다

올해는 학교에서 부모님을 모시고 학예회를 하기로 했다. 선생님들은 학예회를 할 때 '어떤 무대를 할까?'라고 고민도 하시지만 모든 아이가 참여하고 비교되지 않는 무대에 더 초점을 두신다. 행여 부모님이 그사이 아이의 노력은 무시된 채 학예회 날 보이는 모습만 보고 실망할까 봐이다.

우리 반은 연극을 하기로 했다. 사실 모든 사람이 보는 무대에서 3학년이 연극을 한다는 것은 쉬운 일이 아니다. 특히 환경적인 면에서 제한되는 상황이나 그날의 상황에 따라 많은 변수가 있기 때문이다. 그런데도 나는 아이들과 연극을 하기로 했다. 왜냐하면, 몇 해 동안 연극을 하면서 아이들이 숨겨놓은 보석 같은 재능이 발현되는 모습을 너무나 많이 보았기 때문이다. 아이들 각자 빛날 수 있게 장기자랑을 넣어서 연극을 구성하였다. 아이들이 하고 싶은 장기자랑에 대해 의견을 모았다. 그리고 같은 의견을 가진 아이들끼리 장기자랑 계획서를 써 달라고 했다. 아이들은 춤, 태권도, 성대모사, 악기연주, 인형극, 노래, 패션쇼 등 다양하게 계획서를 써냈고 아이들 스스로 노래 선곡도 하고 율동도 만들고 대사도 썼다. 그 후, 아이들이 연습할 수 있는 시간을 주었다.

제일 신기한 건 내가 연습을 하라고 시키지 않아도 중간놀이시간, 점심시간에 아이들은 모여서 연습을 한다는 것이었다. 여러 해 연극을 하면서 느꼈지만, 아이들은 스스로 선택하고 이끌어갈 수 있는 환경이 주어질 때 가장 많이 성장한다는 생각이 들었다. 자신이 잘하는 것을 찾고 도전해 보고 성취감을 느끼는 것. 어쩜 우리가 삶에서 꼭 배워야 하는 것이 아닐까? 하는 생각이 들었다.

학예회가 다가오자 아이들이 "선생님, 의상 준비해야 하는 거 아니에요?"라고 먼저 물어보았다. 내가 시켜서 하는 것이 아니니 아이들은 준비물도 의상도 스스로 먼저 챙겼다. 총연습 날이었다. 이날은 모두 의상을 입고 실전처럼 연습하는 날이었다. 그래서 집에서 의상을 꼭 챙겨 입고 오라고 말하고 알림장에 적어주었다. 하지만 두 명의 친구가 의상을 들고 오지 않은 것이다. 내가 출근하자마자 연수와 승민이가 나에게 의상이 없다고 말했다. 그리고 휴대전화를 보니 연수 어머니에게 문자가 와 있었다.

"선생님, 오늘 연수가 학예회 의상을 챙겨가지 않았어요. 혼내지 말아 주세요."

사실 혼낼 생각은 없었다. 일단 가져오지 못했으니까 어쩔 수 없었기 때문이다. 하지만 실제 학예회 날 챙기지 못하면 안 되기 때문에 두 아이에게 왜 안 가지고 왔는지 물어보았다. 연수는 가져오는 것을 잊어버렸다고 했고 승민이는 분명히 엄마가 가방에 넣었다고 했는데 없다고 했다. 그래서 다음에는 어떻게 해야겠냐고 물어보니 연수는 집에 가자마자 가방에 넣어 두겠다고 이야기하고 승민이는 다시 가방에 의상이 있는지 찾아보겠다고 했다. 그 말을 듣는 순간, 승민이 짝지가 승민이의 가방을 뒤지더니 "선생님, 승민이 의상 가방에 있는데요."라고 말하는 것이 아닌가? 승민이도 깜짝 놀라며 나를 쳐다보았다. 승민이 짝지가 "다음에 잘 찾아봐." 라고 말하면서 "선생님, 승민이 의상 사물함에 넣어 두고 가면 어떨까요?"라고 제안을 했다. 그 말을 들은 승민도 그게 좋겠다며 사물함에 넣어두고 가겠다고 했다.

초등학교 3학년 발달 영역 중 사회적 행동 차원에서 보면 아이들은 말과 행동의 옳고 그름을 판단할 수 있다. 또한, 상대방이 잘못된 것을 정확한 말로 지적할 수 있다. 즉, 자신의 말과 행동에 대해 스스로 생각해 보고 수정해 나갈 수 있다는 말이다. 그래서 자신의 실수로 인한 상황을 아이 스스로 감당할 수 있는 내적 힘이 있음은 물론 표현 욕구와 인정 욕구가 강해서 그 과정에서 누군가 성장에 대한 피드백을 주면 스스로 자신을 뿌듯해하고 그 행동을 더 하고자 한다. 자신이 실수했을 때 어떤 일이 일어나는지, 다음 번에 똑같은 실수하지 않기 위해 어떻게 해야 하는지, 자신의 실수가 스스로 성장하는 데 도움이 된다는 것까지 경험할 수 있어야 학년이 올라갈수록 안정적으로 학교생활을 해나갈 수 있다.

지금은 선생님이 있어서 자신의 모습을 되돌아보게 하는 질문이라도 해줄 수 있지만 크면 아무도 내가 나를 돌아볼 수 있는 질문을 해주지 않는다. 그러면 똑같은 실수를 계속 반복할 수밖에 없게 된다. 똑같은 실수를 계속 반복하게 되면 자존감이 낮아지게 되고 어떤 일을 해나가는 데 자신감 잃게 된다. '나는 항상 왜 이 모양이지.'하는 생각으로 현재를 살아가게 되는 것이다. 아이는 부모가 무엇이든 해줄 때 성장하는 것이 아니라 아이 스스로 할 기회를 많이 줄 때 더 많이 성장한다는 것을 알아야 한다.

내가 초등학교 때만 해도 운동장에서 조회했다. 뜨거운 햇볕 아래 교장 선생님 말씀이 길어지면 운동장에 쓰러지는 아이들도 간혹 있었다. 지금 생각하면 조금 아찔하기도 하다. 요즘은 대부분 교실에서 방송 조회를 한다. 간혹 방학식 날이나 특별한 날에는 체육관에서 전교생이 모여 조회를 한다.

여름 방학식 날, 체육관에서 조회를 했다. 교장 선생님 인사 말씀이 있었다. 교장 선생님 말씀이 길어지자 아이들은 다리가 아프다고 아우성쳤다. 그래서 앉으면 안 되냐고 하소연을 하기 시작했다. 급기야 몇몇 아이들이 그 자리에 주저앉았다. 그리고 다른 아이들도 친구의 행동을 보고 따라 앉기 시작했다.

방학식이 끝나고 나서 선생님들께서 요즘 아이들은 끈기도 없고 조금만 힘들어도 참지를 못한다면서…. 스스로 하기보다 남이 해주길 바라는 편안함 만을 추구하는 것 같다고 말씀하셨다. 그 뒤를 이어 교육경력이 많으신 선생님께서 이렇게 말씀하셨다.

"요즘은 부모들이 하도 아이들을 따라다니면서 일일이 다 해주니까 결국 제 나이에 맞는 발달도 못 하네요. 넘어져 봐야 일어서는 법도 배우는데 넘어질까 봐 부모들이 더 조마조마 해하며 나약함 만을 부모가 자처해서 길러주는데 어떻게 아이들이 시련과 고통을 이겨내겠어요. 학원 다니면서 공부는 많이 하는지 모르겠지만 사회에 나오면 공부보다 더 중요한 것들이 인생을 좌지우지할 수 있는데 지금 당장만 보고 아이를 기르는 모습이 참 안타까워요. 그래도 어쩌겠어요. 세월 따라 우리도 변해야 안 되겠어요."

첫째가 수학여행을 다녀왔다. 짚으로 달걀 꾸러미를 만들어 달걀까지 넣어왔는데 섬세하게 잘 만들어서 사 온 거냐고 물으니 자신이 만들었다고 했다. 장인의 손길이 느껴져서 사서 온 줄 알았다고 하니 첫째가 그 뒤를 이어 이야기를 했다.

"엄마, 오늘 제 옆에 앉은 친구 달걀 꾸러미도 거의 제가 다 만들어주고 왔어요."

"왜? 친구가 만들지 못하는 이유라도 있어?"

"강사님께서 설명도 자세히 해주시고 PPT까지 보여주셨는데 친구가 어려운 것 같다면서 해보지도 않고 못 하겠다고 아예 손을 놓고 있었어요. 그래서 제가 도와주면서 친구에게 너 집안일은 해봤냐고 물어보니 친구가 한 번도 해본 적이 없다고 했어요. 그래서 그럼 라면이라도 끓여 먹어봤냐고 물으니 라면조차 스스로 끓여 먹어 본 적이 없다며 그런 걸 왜 내가 하느냐고 하더라고요. 그때 친구가 왜 시도조차 해보지 않고 손을 놓고 있었는지 이해가 가더라고요."

"그때 너는 어떤 생각이 들었어?"

"'나는 저렇게 자라지 않아서 다행이다.'라는 생각이 들었어요."

하루는 모임에 가게 되었다. 자식을 다 키우고 독립시키신 분들도 있고 대학에 보내신 분들도 계셨다. 아이가 성인이 된 지인이 나를 보며 갑자기 "화정아, 너희 부모님은 참 좋겠다."라고 말했다. 나는 무슨 말인가 싶어 지인을 쳐다보았다. 지인은 아들이 둘이었는데 첫째는 취업도 안 하고 빈둥빈둥하며 집에서 밥이나 축내고 있고 둘째는 결혼을 했는데도 부모에게 계속 손을 벌린다고 했다. 자신이 헬리콥터 맘이었다면서 자식만을 위해 살았는데 결국 돌아오는 것은 이런 현실이라면서 가슴이 무너진다고 하셨다. 내가 나이가 들면 자식에게 의지할 수 있는 부분도 있을 줄 알았는데 자식이 나이만 먹었는지 생각과 행동이 자립을 못 했다고 하셨다. 아이를 잘 키우겠다는 명목으로 공부만 잘하면 된다는 짧은 생각이 결국 나의 발목을 잡고 말았다고 하셨다. 다시 아이를 키운다면 자식의 공부만을 위해 내 인생을 올인하지 않고 내 노후도 살피며 자식이 자립할 힘을 키울 수 있게 키울 거라고 하셨다.

요즘 엄마들은 아이에게 모든 것을 다 해주는 것이 좋은 엄마라고 생각한다. '과잉육아'를 넘어서 '헬리콥터 엄마'가 즐비한 세상이 되고 있다. 아이 주위를 항상 맴돌며 아이가 겪을 수 있는 모든 어려움을 사전에 차단하려고 한다. 그리고 아이가 조금이라도 불편하거나 어려운 상황에 처하지 않도록 과도하게 개입하고 보호한다. 단기적으로는 아이에게 안전하고 편안한 환경을 제공할 수 있지만, 장기적으로는 아이가 독립적이고 자율적인 성인으로 성장하는 데 필요한 중요한 경험을 놓치게 만든다. 아이가 현실 세계에서 직면할 수 있는 다양한 도전과 어려움을 스스로 해결하는 능력을 기르기 위해서는 엄마가 적절한 거리를 유지하고 아이의 자율성을 존중하는 것이 무엇보다 중요하다. 엄마의 도움이 지나치면 아이는 스스로 할 힘을 기를 기회를 잃고, 세상을 향해 앞으로 나아갈 용기를 배우지 못한다. 엄마는 아이 곁에서 영원히 살지 못한다. 그럼 우리가 아이에게 남겨줘야 하는 것은 뭘까? 스스로 할 수 있는 자율성과 자립심이다. 가정에서 아이에게 스스로 선택하고 무엇이든 해볼 기회를 주며 할 수 있다는 자신감을 키워주었으면 좋겠다. 그래야 아이는 세상을 향해 용기 있게 나아갈 수 있다. 무엇이든 해 볼 수 있게 하는 엄마가 현명한 엄마가 아닐까?

05

'부모의 노력이 부족해서'라는 말은 틀렸다

선생님들이 나에게 자주 묻곤 한다.

"선생님, 요즘 아이들은 학원도 많이 다니고 조기교육에다 사교육까지 부모님들이 엄청 많이 시키는데 왜 학력은 계속 떨어질까요? 10년 전보다 아이들이 더 공부를 못하는 것 같아요. 특히 수업 시간 집중이 안 돼요."

10년쯤부터 선생님들은 아이들의 학력이 점점 떨어진다고 말씀하셨다. 특히 코로나가 지나면서 피부로 더 많이 느껴진다고 말씀하신다. 하지만 학력이 떨어지는 그 밑바탕은 기초 기본교육이 제대로 이루어지지 않기 때문이라는 생각이 많이 들었다. 코로나 때

학교에 오지 않는 아이들은 학교에서 배워야 하는 기초 기본교육을 배우기에는 무리가 있을 수밖에 없었다. 코로나를 지나면서 학교 교육의 중요성이 더욱 절실히 느껴졌다. 나조차도 말이다.

둘째는 코로나가 시작될 때 초등학교 입학을 했다. 아니, 입학식이라 할 것도 없었다. 마스크 끼고 운동장에서 줄만 섰다가 집으로 왔다. 그리고 학교 수업도 거의 이루어지지 못했다. 그 당시 나는 둘째가 초등학교 입학하면 육아 휴직을 하리라 마음먹고 있었고 육아 휴직을 했다. 그때 가정에서 둘째를 데리고 했던 건 읽기, 쓰기, 셈하기도 아닌 40분 동안 의자에 앉아 있는 것이었다. 그래서 오전 9시부터 책상에 앉아서 학교와 똑같이 1교시, 2교시 수업 시간에 맞춰 EBS 수업을 듣고 쉬고 밥 먹는 연습을 했다. 초등학교 1학년 들어가면 기초 기본교육과 기초 생활습관 교육이 수업의 주를 이룬다. 부모들은 1, 2학년 때는 배우는 것을 공부가 아니라고 생각한다. 점수가 나오는 것이 아니니 해도 되고 안 해도 되는 것이라고 쉽게 생각한다. 하지만 나는 1, 2학년이 가장 중요하다고 생각한다. 그 이유는 기초 기본교육과 기초 생활습관이 이루어지지 않으면 그 위에 학습을 쌓아가기 어렵기 때문이다. 나도 출근했다면 아이에게 이조차 해줄 수 없었을 것이다.

코로나 때 아이들이 걱정되어서 집에 CCTV를 설치해 놓으신 부모님도 꽤 있었다. 온종일 집에 아이들끼리 있다 보니 원격수업 듣고 게임만 한다고 말이다. 나도 6학년 아이들과 원격수업을 할 때 많이 느꼈다. 원격수업 시 화면을 계속 켜라고 해도 꺼놓는 아이, 매번 늦는 아이, 수업에 아예 들어오지 않는 아이, 켜 놓고도 딴짓을 하는 아이, 과제는 아예 안 하는 아이 결국에는 부모님과 통화를 할 수밖에 없었다. 그때 하나 같이 하시는 말씀이 눈에 보이지 않으니 뭐라고 말할 수도 없고 결국 집에 가서 말하면 싸움밖에 안 돼서 놓아둔다고 하셨다.

초등 6학년쯤 되면 지금까지 부모가 아이를 어떻게 대했는지 아이가 말과 행동으로 부모에게 보여준다. 이런 아이를 부정하거나 거부하는 것은 부모 자신을 부정하거나 거부하는 것과 마찬가지이다. 그래서 어쩜 부모는 아이의 모습이 '나' 같아서 아이의 모습을 보는 것이 힘든지도 모른다.

지인 중에 자녀교육에 관심이 많은 분이 계셨다. 특히 사교육 정보에 대해 모르는 것이 없었다. 나도 지인의 이야기를 듣다 보면 내가 이렇게 모르나 싶을 정도였다. 그런 지인이 하루는 나에게 말했다. 중학생이 된 딸아이가 시험공부를 하고 있었다고 한다. 자신이 딸아이의 방에 들어가니 소리를 지르면서 저리 가리고 엄마 얼굴만 봐도 짜증 난다고 하면서 나가라고 엄마를 밀치고 방문을 닫았다고 한다. 지인의 말에 내가 들어도 가슴이 철렁 내려앉았다. 그리고 딸아이가 저녁에 나가면 연락이 안 된다며 걱정이 된다고 했다. 아마 밖에 나가 불량한 아이들과 어울려 노는 것 같다고 했다. 딸아이가 늦은 시간에 집에 들어와서 "왜 연락이 안 돼?"라고 물으면 "엄마가 무슨 상관이냐면서 내 인생 상관 마."라고 하면서 방문을 쾅 닫고 들어간다고 했다. 지인은 나에게 이렇게 하소연했다.

"내가 하나밖에 없는 딸을 위해서 얼마나 노력했는데 돌아오는 것은 책망뿐이라고…."

지인의 이야기를 들으면서 진짜 중요한 것 한 가지가 빠져 있다는 생각이 들었다. 바로, 아이 얼굴 쳐다보고 이야기 나누고 웃는 시간, 아이의 걱정을 들어주고 토닥여 주는 시간, 하루를 열심히 산 아이에게 격려해 주는 시간. 함께하고 대화하는 시간이 빠져 있었다.

부모의 노력이 부족해서일까? 그래서 아이가 부모가 원하는 대로 크지 않은 걸까? 노력이 부족했던 것이 아니라 방향이 틀렸기 때문이다. 인터넷 카페에서 정보 검색 하는 엄마는 휴대전화만 보고 있었고 체험활동 하기 위해 운전하는 엄마는 자동차 앞만 보고 있었고 남들이 좋다는 학원 보낸 엄마는 차 안에 있었다. 그런 엄마는 도리어 아이들에게 묻는다.

"내가 너를 위해서 이렇게 노력하는데 너는 엄마가 얼마나 힘든

줄은 아니?"

아이들은 모른다. 우리가 어렸을 때도 부모 마음을 헤아리지 못했던 것처럼 말이다. 그나마 부모가 되어서야 헤아리고 있지 않은가?

운동회를 하고 나서 며칠이 지나서 우리 반 어머님을 만났다. 어머니께서 대뜸 이렇게 말씀하셨다.

"선생님, 저 운동회 날 속상했어요."

나는 어머니의 말씀을 듣고 깜짝 놀랐다. 왜냐하면, 어머니의 아이는 앞에 나가 열정적으로 응원을 할 정도로 자신감이 넘치는 아이였기 때문이다.

"지훈이 때문에 속상하셨다고요? 지훈이 그날 경기에 최선을 다하는 모습이 멋져서 제가 칭찬 진짜 많이 해줬는데요." 하면서 어머니를 쳐다보았다.

"선생님, 아이의 모습 때문에 속상한 게 아니라 키 때문에 속상했어요. 그날 보니 저희 아이가 키가 제일 작더라고요. 제 키가 작아서 아이한테 신경을 진짜 많이 썼는데 말이에요."

3학년의 발달 과정상 신체적으로 아이들의 신장 차이가 많이 난다. 키가 작은 아이는 120cm 이하인 경우부터 키가 큰 아이는 150cm 이상인 경우도 있다. 하지만 학년이 올라갈수록 신장 차이는 줄어들며 성인이 되었을 때 누가 더 큰지는 아무도 장담할 수 없다. 20년 교직 생활이 다 되어가다 보니 반에서 제일 작았던 아이가 훌쩍 커서 못 알아보는 경우도 많았다. 그래서 나는 어머니께 이렇게 말씀드렸다.

"어머니, 지훈이는 본인이 키가 작아서 속상해하지 않아요. 결국, 그 말은 부모님 입에서 나오는 거잖아요. 지훈이가 자존감이 얼마나 높은데요. 키를 키우는 것보다 자존감 키우는 게 백배 더 나아요. 아직 초등학생인데 걱정하지 마시고 절대 아이 앞에서 키 작다고 말로 표현하지 마세요. 그게 아이를 위하는 길이예요."

어머니는 알겠다고 선생님 명심하겠다고 하셨다. 나는 어머니의 뒷모습을 보며 키가 쑥쑥 자란 지훈이를 떠 올렸다. 나도 모르게 웃음이 나왔다.

요즘 보면 아이의 키에 목숨을 거는 부모들이 많다. 우리나라는 외모도 경쟁력이라며 아이의 키를 키울 수만 있다면 무엇이든 다 해주고 싶어 한다. 그래서 아이의 키를 키우는데 사활을 건다. 부모가 키에 집착할수록 자신도 모르게 아이에게 '키가 작아서 걱정이다.'라는 마음을 아이에게 표현한다. 언어든 비언어든 이런 반복적인 표현들은 아이의 생각과 마음에 습관처럼 자리를 잡는다. 그래서 성인이 되어서도 자신이 실패하는 모든 이유를 자신이 키가 작음에 초점을 두고 세상을 탓하며 살게 된다는 것이다. 그런 부모들에게 말해주고 싶다. 키 키울 생각 말고 아이의 자존감을 지켜줬으면 좋겠다고 말이다.

둘째가 성조숙증 진단을 받았다. 의사 선생님께서 가장 큰 원인이 비만이라고 하셨다. 처음에 병원에서 검사를 받았을 때 의사 선생님께서 뼈 나이가 지금 나이보다 4년이나 앞서 있다고 하셨다. 아이가 엄마보다 키가 작겠다고 하셨다. 의사 선생님께서 부모님의 의견이 중요하다며 아이의 키가 얼마나 자랐으면 좋겠냐며 물어보셨다. 나는 "의사 선생님 저는 아이 키가 160cm면 됩니다. 더는 바라지도 않습니다."라고 말했다. 의사 선생님께서 가장 중요한 것은 키가 아니라 건강이라고 하셨다. 먼 거리였지만 의사 선생님을 만난 게 정말 다행이라는 생각이 들었다. 처음에는 둘째의 살이 찐 것이 내 탓처럼 느껴졌다. 나는 잘 안 먹는 첫째를 키우다 보니 잘 먹는 둘째가 참 좋았다. 그래서 음식을 다양하게 해줬고 아이는 점점 살이 찌기 시작했다. 내 딴에는 골고루 먹으라고 해줬던 음식들이 아이의 건강을 해치게 된 것이다.

아이를 키우다 보면 내가 노력은 엄청나게 했으나 내가 생각지도 못한 결과가 나올 때가 있다. 그때 우리는 알아채야 한다. 나의 노력이 부족해서가 아니라 방향이 틀려서라는 것을 말이다. 이때 아이가 나에게 말과 행동으로 신호를 준다. “엄마, 방향을 1도 틀어야 해요.”라고 말이다. 지금 내가 노력을 부단히 했는데도 원하는 결과가 나오지 않았다면 1도만 방향을 틀어보자! 1도씩 틀다 보면 방향이 완전히 바꾸는 순간이 온다. 그때부터 내가 원하는 결과가 나올 것이다. 당신은 이미 노력이라는 가치는 알고 있으니 말이다.

아이는 언제나 신호를 보낸다

하루에도 몇 번씩 아이들이 나에게 와서 이렇게 말했다.

"선생님, 승민이가 때렸어요."
"선생님, 승민이가 욕했어요."
"선생님, 승민이가 물었어요."
"선생님, 승민이가…."

전학 온 승민이의 폭력적이고 충동적인 행동으로 인해 아이들이 힘들어했다. 승민이를 훈육하고 아이들의 마음을 다독여 주고 부모님께 전화하는 것이 일상이었다. 우리 반 승민이는 매일 친구를 때렸다. 그리고 내가 쉬는 시간에 화장실 다녀온다고 잠시 자리를 비우기라도 하면 연필이나 가위로 친구들을 위협하기도 했다. 그래서 나는 쉬는 시간에 화장실도 가지 않았다. 그나마 교실에서 수업을 받을 때는 내가 옆에 같이 있으면 좀 나았지만 전담 수업하러 가서는 막무가내였다. 그래서 전담 선생님께서는 승민이가 오는 날에는 무슨 일이 일어날까 봐 마음이 조마조마하다고 하셨다.

하루는 전담 선생님께서 쉬는 시간에 우리 반에 오셨다. 짧은 쉬는 시간에 우리 반까지 오셔서 '무슨 큰일이 생겼나?' 싶어서 걱정되었다. 선생님께서 정말 곤란한 표정으로 이렇게 말씀하셨다.

"선생님, 승민가 수업을 방해해서 수업할 수가 없어요. 선생님 반 아이들한테도 학습권이라는 게 있는데 이대로 놓아두다가는 다른 아이들이 피해를 너무 많이 볼 것 같아 걱정돼요. 무슨 대책을 세워야 하지 않을까요?"

저경력 시절 나도 폭력성과 충동성이 심한 아이가 처음이라 선생님께 아무 말도 못 했다. 내가 할 수 있는 것이라곤 승민이를 데리고 와서 잘못된 행동을 이야기해 주고 바른 행동을 가르쳐주는 방법밖에 없었다. 도대체 어떻게 해야 할지 나도 난감했다.

그날 승민이 어머니와 통화를 했다. 어머니는 통화 내내 한숨만 쉬셨다. 승민이의 행동에 관해 물어보고 도움을 요청하기엔 어머니도 너무 지쳐계셨다. 관찰한 내용을 말씀드릴 때마다 본인 너무 힘들다고 하시며 육아의 힘듦을 토로했다. 그 마음도 충분히 이해가 가지만 학교에서는 여러 명의 아이와 함께 있는 곳이 아닌가? 어머니와의 대화에서도 내가 원하는 해결법이나 뾰족한 방법을 찾지 못했다.

한 달이 지나도 승민이의 행동이 나아지지 않았다. 하루는 승민이가 교실에서 준수의 멱살을 잡는 바람에 준수가 넘어져서 책상 모서리에 부딪히는 사건이 발생했다. 내가 보고 있었지만 눈 깜짝할 사이에 일어났다. 준수가 괜찮은지 확인을 하고 승민이를 연구실로 데리고 갔다. 왜 그랬냐고 물으니 "같이 놀고 싶어서 그랬어요."라고 말했다. 매번 이렇게 말하는 승민의 말을 믿을 수가 없었다. 승민에게 "같이 놀고 싶으면 같이 놀자고 말하는 거야. 그렇게 하면 친구를 위협하는 행동이고 친구가 크게 다칠 수 있어. 절대 해서는 안 되는 행동이야."라고 말해주었다. 그런 승민이는 준수에게 가서 미안하다고 했다. 어머니께 전화를 드리니 연신 죄송하다는 말만 하셨다. 통화 끝에 어머니께서 "선생님, 사실은 승민이가 ADHD예요."라고 말씀하셨다.

그 전화를 받고 나서 나는 ADHD 아동에 관한 책을 사서 공부를 했다. 승민에 대한 기본적인 특성을 파악하는 것이 우선이라는 생각이 들었다. 그리고 승민이가 교실에서 함께 아이들과 잘 지낼 수 있도록 돕고 싶었다. 공부를 하면서 승민이의 행동 특성에 대해 이해하게 되니 승민이의 행동 원인도 조금씩 알게 되었다. 나의 목표는 승민이의 행동 변화를 이끌어서 아이들과 사이좋게 지내고 더 나아가 수업까지 함께 하는 것이었다. '어떻게 행동 변화를 이끌지? 행동의 변화를 이끄는 방법이 조금 더 섬세해야 하지 않을까?' 하는 그런 생각을 하면서 공부를 했다. 나는 앎을 바탕으로 승민이를 이해하고 변화할 수 있다고 믿고 그 믿음으로 실천해 보았다. 승민이는 조금씩 달라지기 시작했다. 그리고 상담 선생님의 도움을 받아 부모님도 가족 상담 프로그램에 참여하시게 했다. 그 후, 아이의 변화를 느끼신 어머니께서 마음을 달리 먹기 시작하셨다. 어머니께서 달라지시니 승민이의 행동이 급속히 달라지기 시작했다. 그리고 1학기가 끝날 무렵 승민이는 전학 왔을 때와 다른 아이가 되어갔다. 아이들을 때리는 일이 사라졌고, 내가 계속 말해주었던 바른 행동들을 하나씩 해나가기 시작했다. 같은 반 아이들조차 놀랄 정도였다. "선생님, 승민이가 정말 달라졌어요. 정말 신기해요."라고 말했다. 그래서 내가 "다 너희들 덕분이라고…. 너희들이 선생님과 승민이를 믿고 도와주니 승민이가 이렇게 달라졌어."라고 말했다.

2학기가 조금 더 지나니 승민이와 수업 활동도 같이 해나갈 수 있게 되었다. 나는 전학 오고 한 달이 지날 때쯤 수업시간에 발표하는 승민이의 모습을 상상했었다. 그런 승민이가 발표하는 모습을 보면서 '내가 아이를 변할 수 있다고 믿고 실천하면 진짜 이루어지는구나!'라는 생각에 소름이 돋았다. 그런 승민이가 2학기 되어서 가장 많이 하는 말은 "선생님, 저 오늘 칭찬해 주세요."라는 말이다. 내가 승민이에게 한 것은 매일 칭찬해 주는 것이었다. 처음에는 자리에 앉기만 해도 칭찬을 해주었다. 그리고 친구를 때리거나 욕하는 행동을 하지 않거나 올바른 행동을 할 때는 무조건 승민이에게 칭찬해 주었다. 그리고 집에 갈 때는 사랑한다고 이야기해 주고 배웅도 해주었다. 결국, 승민이를 믿었던 나의 마음이 행동의 변화를 이끌었다는 생각이 들었다.

내가 공부를 하면서 아이의 행동만 보고 아이를 판단하지 말고 아이의 행동 이전에 아이의 신호를 읽으라고 했던 말이 가장 와닿았다. 교육의 최종 목표는 아이가 행복하게 사는 것이다. 그렇게 생각하고 승민의 행동을 보니 승민이는 친구들을 괴롭히려고 하는 행동이 아니었다. 관심 받고 싶어서, 자신이 원하는 것을 얻고 싶어서, 친구들과 같이 놀고 싶어서였다. 어쩜 우리는 이런 아이들의 신호를 항상 보지 못하고 아이의 행동만으로 아이를 판단하는 면이 많은 것 같다. 아이의 신호를 읽으면 아이의 진짜 마음이 보인다. 그 마음을 헤아려 주면 그제야 비로소 아이는 본인이 진짜 해야 할 바른 행동을 배울 수 있게 된다.

우리 반에서 혜선이라는 여자아이가 있다. 말이 없고 조용한 혜선이는 항상 불안하고 초조해 보였다. 아이들과 수업시간에 가족에 관해 이야기하다가 혜선이가 갑자기 "선생님, 저는 아빠가 너무 무서워요. 엄마 아빠가 싸울 때 골프채부터 숨겨요."라고 이야기를 했다. 수업이 끝나고 혜선이와 상담을 했다. 혜선이는 엄마 아빠가 매일 싸운다고 했다. 싸움이 심해지면 아빠가 골프채를 들고 와서 엄마를 위협한다고 했다. 그래서 아빠가 사라졌으면 좋겠다고 했다. 그리고 엄마는 공부 잘하는 언니만 좋아하고 언니 공부에만 관심이 많다고 했다. 그런데 자신에게는 관심이 없다며 울먹거리며 엄마와 시간을 보내고 싶다고 했다. 혜선이 어머니께 말씀드리니 처음에는 그런 적이 없다며 하시다가 혜선이는 알아서 잘하니까 놓아두고 언니 공부를 봐줬다고 하셨다. 6학년인 혜선이 언니는 5학년 담임선생님 말로는 못 하는 게 없는 모범생이라고 하셨다.

학교에서 선생님 지갑이 하루에 여러 차례 도난되는 일이 생겼다. 학교가 발칵 뒤집혔다. 교실에는 CCTV가 없어 누가 그랬는지도 알 길이 없었다. 그렇게 나흘 후, 선생님들의 지갑이 쓰레기장에서 발견되었다. 선생님의 지갑을 훔치는 아이의 행동만 보면 섬뜩하다. 하지만 '아이가 그 행동을 한 이유가 뭘까?' 하고 생각해 보면 시선이 달라진다. 나는 그 아이의 행동이 '저에게 관심 좀 가져주세요. 죽고 싶을 만큼 힘든데 어떻게 해야 할지 모르겠어요.'라는 신호라고 느껴졌다. 지갑을 훔친 아이를 알게 된 순간, 소름이 돋았다. 모범생이었던 혜선이 언니였다. 어쩌면 당연했는지 모르겠다. '부모의 기대에 저버릴 수 없어.', '부모가 실망할까 봐.' 말할 수 없는 마음을 행동으로 표현했을 뿐이다. 어쩜 우리는 그 행동을 두고 옳고 그름을 판단할 수 없지 않을까 싶다. 그렇게라도 자신의 마음을 알릴 수밖에 없었던 혜선이 언니가 그동안 얼마나 힘들었을까? 하는 생각에 나도 모르게 눈시울이 붉어졌다.

19년 동안 수많은 아이를 만나면서 처음에는 아이의 행동에만 주목했었다. 매일 친구를 때리고 욕하고 심지어 칼로 다른 사람을 위협하고 물건을 훔치는 행동들 말이다. 이런 행동들을 한 아이들을 보면서 '어떻게 아이가 저런 행동을 할 수가 있지.'라는 생각을 했었다. 시간이 지나 알게 되었다. 이런 행동은 '제가 너무 힘들어요. 제 삶이 너무 끔찍해요. 제발 저 좀 도와주세요.' 하는 신호라는 것을 말이다. 만약 가정이나 학교에서 아이가 이해할 수 없는 문제 행동을 한다면 도와달라는 신호이다. 그리고 엄마는 자신의 양육 태도를 되돌아보고 변화할 수 있는 절호의 기회를 얻었다는 것을 알았으면 좋겠다. 결국, 엄마가 변하려고 마음먹는 순간 아이의 행동은 이미 변하고 있다. 왜냐하면, 아이의 신호를 엄마가 알아주었기 때문이다.

07

먼저 바뀌어야 하는 것
엄마의 시선

일기를 제출하는 날이었다. 수호의 일기에 이렇게 적혀 있었다.

"아침부터 밥 안 먹고 딴짓한다며 엄마에게 등짝을 맞았다. 비가 온다고 해서 우산을 들고 학교에 가다가 심심해서 우산 돌리기를 했다. 돌린 우산에 친구가 맞아서 울었다. 친구들이 선생님께 일렀고 야단을 맞았다. 엄마가 춥다고 옷을 많이 입혀줘서 더웠다. 급기야 몸이 가렵기 시작했다. 참기가 어려웠다. 점심시간 친구들과 놀고 싶어서 친구를 잡았는데 내가 괴롭힌다고 친구들이 선생님에게 일렀다. 수업이 몇 시에 마치는지 궁금해서 물어봤는데 친구들이 그만 좀 물어보라며 짜증을 냈다. 학교를 마치고 학원에 갔다. 학원 선생님이 나와 도저히 수업을 못 하겠다고 엄마에게 전화

했다. 집에 가서 엄마에게 혼이 났다. 저녁을 먹고 있는데 아빠가 오셨다. 아빠가 왜 자꾸 말썽을 피우냐며 또 혼이 났다."

나는 수호를 불렀다. "수호야, 선생님이 수호 일기 읽어보니 우리 수호 많이 속상했을 것 같아." 수호가 큰 눈을 동그랗게 뜨고 나를 쳐다보았다. 그리고 이렇게 말했다.

"선생님, 저도 잘하고 싶은데 제 마음대로 안 돼요."

수호의 이야기를 듣고 정말 마음이 아팠다. 수호의 일상은 야단맞고 또 야단맞고 또 야단맞는 일상이었다. '수호의 일상에 행복이 있을까?' 하는 생각이 들었다.

아이들이 하교 후 교실로 전화가 왔다.

"선생님, 수호 선생님 반이죠?"

"네. 저희 반인데 무슨 일 있어요?"

"제 선에서 해결하려고 했는데 다른 아이들에게 피해를 주니까 도저히 안 되겠어요. 수호 좀 어떻게 해주세요. 저는 어떻게 해야 할지 모르겠어요."

전화를 끊고 운동장으로 뛰어갔다. 운동장에 가니 수호가 가짜 칼을 들고 친구들을 위협하고 있었다. 다른 선생님이 말해도 듣지 않고 나 잡아봐라 하듯이 가짜 칼을 들고 운동장을 누비고 다녔다. 나도 모르게 선생님께 죄송하다고 연신 고개를 숙였다. "선생님, 그사이 많이 힘드셨죠?"라고 말씀드리니 "담임선생님께서 제일 힘드신 거 잘 알아요. 오늘은 제가 어떻게 하질 못해 전화드렸어요. 담임선생님 매일 고생이 많으세요."라고 말씀하셨다.

내가 "수호야." 하고 부르니 수호가 나를 바라보았다. 그리고 수호를 불렀다. 가까이 온 수호는 나를 물끄러미 쳐다보았다. 그리고 수호와 함께 이야기를 나누었다. 선생님께서는 이야기를 나누는 나와 수호를 한참 바라보셨다.

다음날, 수호와 같이 계셨던 선생님께서 나에게 메세지를 보내셨다.

"선생님, 저는 수호를 운동장에서 볼 때마다 '도대체 저 아이는 왜 저래?' 하면서 행동이 이해가 가지 않았어요. 그리고 좋은 점이라고 하나도 없어 보이는 수호를 보고 저에게 수호는 이런 거 잘해요. 라고 말씀하시는 모습을 보고, 제가 반성을 많이 했어요. 매일 수호와 있는 선생님이 제일 힘드실 텐데 선생님은 그런 수호의 좋은 점을 봐주시고 가르쳐 주시는 모습에 저도 많이 배웠어요."

나는 메시지를 보고 고개를 갸웃거렸다. '내가 수호의 좋은 점을 말했었나?' 하고 기억이 잘 나지 않았다. "제가 그런 말을 했어요? 저는 생각이 잘 안 나요."라고 말하니 선생님께서 "선생님은 수호의 좋은 점을 항상 생각하고 있어서 입에서 저절로 나오나 보네요."

라고 말씀하셨다. 한 달 후 복도를 지나가다가 선생님을 만났다.

"선생님, 수호가 정말 좋아졌어요. 아이의 좋은 점에 시선을 두면 행동은 변할 수 있다는 것을 선생님 덕분에 알게 되었어요."

아이의 모습을 지금 당장 눈에 보이는 것으로 단정 짓는 것은 어리석은 일이다. 아이들은 부모의 생각 크기만큼 자란다. 부모가 '우리 아이는 여기까지야.'라고 생각하는 순간 아이는 딱 그 크기만큼만 자라기 때문이다. 가정용 수족관에서 키우는 금붕어는 보통 15~20cm 정도 자라는데 자연 속에서 자라는 금붕어는 50cm 이상 자란다고 한다. 주어진 환경과 조건에 따라 금붕어의 크기도 놀랄 만큼 달라진다고 하는데 하물며 사람은 어떻겠는가?

초등학교에서 19년이라는 세월을 지내다 보니 제자들의 소식을 들을 때가 종종 있다. 초등학교 때 눈에 띄지도 않았던 아이가 좋은 소식을 전하는 경우도 있고 중학교까지 학업 성적이 우수했지만, 고등학교 때 성적이 떨어지면서 가출했다는 소식을 전하는 경우도 있다. 그리고 소위 말하는 좋은 대학 들어가서 졸업까지 했는데 취업이 되지 않아 자살까지 했다는 소식을 접하면 안타깝기 그지없다. 부모가 아이의 외적인 부분만을 시선에 두고 아이를 키우면 부모도 아이도 무너질 수 있다. 부모가 아이의 내적인 부분에 시선을 두고 내적인 부분을 성장시켜야 아이 또한 위기가 닥쳤을 때 무너지지 않고 다시 일어설 수 있다.

학교에서 아이들의 행동발달 상황을 적다 보면 꼭 마지막까지 남는 아이가 한두 명 있다. 신규 선생님이 나에게 와서 "선생님, 이 아이는 도대체 쓸 말이 없어요. 매일 친구 때리고 싸우죠. 수업시간에 계속 떠들어서 수업 방해하죠. 숙제도 안 해오죠. 매일 늦게 오죠. 이런 아이는 뭐라고 적어야 할까요? 아무리 생각해도 적어줄 말이 없어요."라고 하소연할 때가 있다. "선생님, 그 마음 충분히 이해해요. 나도 그랬던 적이 있어요." 하면서 웃었다.

"저는 모든 아이는 장점이 있다고 생각해요. 단지 우리가 찾지 못할 뿐이라고…. 저도 교직 생활을 하면서 장점을 찾지 못한 아이가 딱 한 명 있었어요. '도대체 저 아이는 장점이 뭘까?' 아무리 관찰해도 모르겠는 거예요. 그렇게 그 아이를 졸업시키고 잊고 있었는데 휴대전화 대리점에서 그 아이를 만난 거예요. 휴대전화에 대해 어찌나 설명을 잘해주던지 휴대전화를 사러 온 사람이 끊이질 않더라고요. 사실 저도 그 휴대전화 대리점이 만족도가 높다는 소문을 듣고 갔었거든요. 그 아이는 휴대전화 대리점을 여럿 가진 사장님이 되어있더라고요. 그때 제가 느꼈어요. 내가 '장점이 없다.'라고 생각해서 그렇게 보였구나. 내가 저 아이를 아인슈타인이라고 생각했다면 어땠을까요? 그럼 그 아이는 천재 과학자가 되어있지 않았을까요? 우리가 시선을 바꿔야 해요. 그래야 아이의 장점을 찾을 수 있어요."

다음날, 그 신규 선생님은 유레카를 외치며 나에게 이서 이렇게 말했다.

"선생님, 아이 장점 찾았어요. 오늘 미술 시간에 상상 속 세상에 대해 수업을 했는데 상상력이 풍부하고 창의적이었어요. 제가 왜 그것을 몰랐을까요?"

나는 아이들에게 자주 해주는 말이 있다.

"너희는 태어날 때부터 영재다. 위대한 존재이고 무한한 가능성을 가지고 있으며 한계는 없다. 그래서 뭐든지 할 수 있다."

처음에는 우리 선생님이 무슨 말을 하나 하고 어리둥절해서 하며 듣고 있다. 어떤 아이는 쑥스러운 듯 얼굴이 빨개진다. 그런데 아이들 앞에서 계속 이 말을 들려주면 어느새 아이의 입에서 "나는 영재야!"라는 말이 절로 나온다. 그런데 신기하게도 부모들에게 "당신의 자녀는 영재입니다."라고 말하면 "선생님, 우리 아이 영재 아니에요."라는 말부터 나온다.

"여러분은 영재 하면 어떤 생각이 드는가?" 서울대는 가야지 영재라는 생각이 드는가? 보통은 학교에서 높은 성적을 유지하고, 주요 과목에서 뛰어난 성과를 보이는 학생을 영재라고 생각한다. 특히 IQ가 150 이상이면 누구나 그 사람을 영재라고 생각한다. 이

것이 우리나라 사람들이 정의하는 영재이다.

내가 말하는 "모든 아이는 영재다"라는 것은 믿음이다. 모든 아이는 고유한 잠재력과 재능을 가지고 있으며 가능성이 무한하다는 것을 말한다. 엄마는 이런 시선으로 아이를 바라봐야 한다. 어떤 아이든 재능을 가지고 있다. 그리고 아이의 재능은 항상 발현될 준비를 하고 있다. 다만, 그것을 바라볼 수 있는 시선을 가진 사람이 필요할 뿐이다.

우리가 몇십 년을 살아왔지만, 우리가 경험한 것은 세상의 아주 조그만 일부분이다. 그래서 내가 보고 경험한 것이 다가 아니라는 생각을 할 수 있어야 한다. 그래야 시선의 변화가 일어난다. 동전에 양면이 있듯이 무엇을 선택할지는 엄마의 몫에 달렸다. 아이는 엄마가 선택한 시선 속에서 살아갈 수밖에 없다. 아이가 어릴수록 엄마의 생각과 말 그리고 행동까지 그대로 습득한다. 능력과 지능은 고정되어 있으며 스스로 한계 짓는 아이로 살게 할 것인가? 능력과 지능은 변할 수 있으며 무엇이든 할 수 있는 아이로 살게 할 것인가? 만약 엄마가 무엇이든 할 수 있다는 시선을 선택했다면 엄마 또한 무엇이든 할 수 있으며 아이는 무엇이든 할 수 있다는 믿음을 가진 아이로 성장할 것이다. 가장 먼저 바뀌어야 하는 것은 엄마의 시선이다.

#

2 장

아이, 마음속에서 길을 잃다

감정의 배움터인 가정이 흔들리고 있다

아이가 처음 세상에 나와 제일 먼저 만나는 것이 엄마의 품이다. 엄마와의 첫 만남에서부터 아이는 감정을 느낀다. 물론, 배 속에 있을 때부터 아이는 엄마의 감정을 느낀다. 그래서 산모가 마음을 편히 가지는 것이 가장 좋은 태교인 이유는 엄마의 감정이 뱃속 아이에게 온전히 전달되기 때문이다. 하지만 엄마 뱃속에서 나와 느끼는 감정은 뱃속에서 느끼는 감정보다 훨씬 더 직접적이고 자극적이다. 아이들은 세상에 나와 처음 만나는 낯선 감정들을 하나둘씩 만나 감정들과 익숙해지고 어떻게 처리하는지 배우면서 성장한다. 아이들이 감정과 만나 익숙해지는 데 가장 큰 역할을 하는 것이 가정이다. 그런데 해가 갈수록 아이들에게 일차적인 감정 배움터 역할을 해야 하는 가정이 흔들리고 있다.

윤아는 부모님은 모두 의사셨다. 윤아 어머니는 의사 사이에서도 인정받고 능력이 뛰어난 분이셨다. 그래서 이름만 말해도 다 아시는 분이었다. 그런 윤아 어머니는 바깥에서 활동하기에 바빴고 밤늦게야 집에 들어오셨다. 그리고 윤아 아버지는 게임으로 시간을 보내며 윤아에 관해 관심이 없으셨다. 그래서 윤아는 온종일 혼자 있는 경우가 많았다.

윤아는 매일 지각을 했다. 하루는 9시가 되었는데도 윤아가 학교를 오지 않자 어머니께 전화했다. 어머니께서는 윤아보다 일찍 출근해서 윤아가 언제 학교 가는지는 잘 모른다고 하셨다. 윤아가 학교에 오지 않았다고 하니 윤아 아버지에게 연락하라고 말씀하셨다. 그래서 윤아 아버지께 연락을 드리니 귀찮듯이 알겠다며 윤아에게 연락해 보겠다고 했다.

윤아는 항상 무표정으로 학교생활을 했다. 웃는 모습을 본 적이 없었다. 체육 시간이면 배가 아프다며 보건실에 가기 일쑤였고 자주 머리가 아프다고 했다. 친구들과 어울리기보다는 혼자 있는 시간이 많았고 내가 친구와 놀 기회를 마련해 주어도 스스로 친구를 밀어냈다. 상담 기간이었다. 윤아 어머니는 상담을 신청하지 않으셨지만 내가 윤아 어머니에게 연락을 드렸다. 그리고 윤아 어머니에게 이렇게 말했다.

"어머니, 윤아가 다양한 감정을 느낄 기회가 많이 필요해요. 윤아가 다양한 감정을 만나고 익히고 표현할 수 있도록 부모님께서 윤아와 시간을 함께 보내셨으면 좋겠어요. 조금 더 크면 중학생이에요. 그때는 같이 시간을 보내고 싶어도 윤아가 거부할 수 있어요. 그러니 지금 윤아와 함께 해주세요."

윤아 어머니는 이렇게 말씀하셨다.

"선생님, 저도 할 만큼 했어요. 어렸을 때부터 아이가 까다로워서 키우기가 너무 힘들었어요. 유치원 때 제가 무릎 꿇고 빌기까지 했어요. 이제는 제가 윤아와 감정 나누는 게 너무 힘들어요. 제가 못 견디겠어요."

요즘 상담을 하다 보면 부모가 감정 조절되지 않아 아이에게 그 감정을 쏟아내는 경우가 많다. 그래서 아이에게 문제가 생겼을 때 부모와 선생님이 함께 힘을 모아 아이의 성장을 도와야 하는데 부모가 감정 조절이 되지 않아 상황을 더 어렵게 만드는 경우가 종종 있다. 아이의 감정 이전에 부모의 감정부터 선생님이 다루어야 하니 결국 아이의 상담이 아니라 부모의 자기 이해를 위한 상담으로 이어질 때가 많다. 그래서 선생님들도 부모와 상담을 하는 것이 쉬운 일이 아니게 되었다. 예전에는 부모가 선생님을 존중하고 믿고 따랐다. 하지만 지금은 아이의 문제 행동으로 상담을 하게 되었을 때 "선생님은 뭐 하신 거예요? 교육은 제대로 하셨어요?"하시면서 선생님의 교육관까지 꼬투리 잡으며 탓하기 바쁘다. 선생님도 교육자 이전에 한 인간이다. 부모가 선생님을 존중해 주지 않는데 아이를 위해 누가 더 애를 쓰겠는가? 부모가 자신의 감정을 조절하지 못하고 상황을 객관적으로 보지 못하면 아이에게 더 나은 삶을 살 수 있는 기회가 주어지지 않는다.

국어 시간에 행복한 우리 반을 만들기 위해 문제점을 찾아내고 해결해 보기로 했다. 그래서 나는 아이들과 벅스 앤 위시스(Bugs and Wishes)를 같이 해보기로 했다. 벅스 앤 위시스는 '나 전달법'을 단순화한 것이다. '나 전달법'은 저학년이나 중학년이 하기에는 아이들이 어려워했다. 그래서 나는 저학년이나 중학년에서는 '나 전달법'을 단순화한 벅스 앤 위시스(Bugs and Wishes) 활동을 통해 자기 생각과 감정 그리고 의견을 표현할 수 있게 도움을 준다.

나는 아이들에게 교실에서 일어나는 불편한 상황을 생각해 보고 생각 종이에 적어보자고 했다. 그리고 돌아가면서 불편한 상황을 이야기해 보았다. 아이들은 수업시간에 떠드는 것, 때리는 것, 놀리는 것, 허락 없이 물건을 가지고 가는 것, 친구 없을 때 친구 비밀을 누설하는 것, 밀치는 것, 복도에서 뛰어다니는 것 등이 불편하다고 했다. 불편한 상황에 대해 그때 어떻게 했으면 좋겠는지 바람을 물어보았다. 한 친구가 "나는 수업시간에 떠들면 기분이 나빠."라고 말했다. 바람은 "선생님 말씀에 집중했으면 좋겠어."라고 말했다. "난 네가 안 했으면 좋겠어."라고 말하는 대신에 아이들이 원하는 바람이나 해결책을 찾고 연습시킨다. 그리고 바람이나 해결책을 말했을 때 대답까지 같이 만든다. "수업시간에 집중할게.", "알겠어.", "말해줘서 고마워." 등 아이들이 가장 유용하다고 생각하는 표현을 물어보고 종이에 써서 교실에 게시한다. 그리고 대답까지 연습할 기회를 준다. 역할극을 통해 아이들이 충분히 이해할 때까지 연습한다. 그리고 나도 같이 그 표현을 사용한다. 아이들이 실제 상황에서 사용할 경우 격려를 해준다. 이 활동을 하면 자신의 감정을 표현하고 배우는 기회가 될 수도 있지만, 상대방의 감정을 들어봄으로써 사람마다 불편한 상황이 다르고 같은 상황이라도 생각하고 느끼는 감정이 다르다는 것을 알게 된다. 그런 아이들은 상대의 감정도 헤아릴 수 있게 된다. 상대의 마음을 헤아릴 수 있다는 것은 자신의 마음 또한 충분히 헤아릴 수 있다는 증거이다.

벅스 앤 위시스(Bugs and Wishes) 활동이 끝나고 쉬는 시간에 은지가 나에게 왔다. 은지가 나에게 와서 "선생님, 은우가 매일 별명으로 놀려서 정말 속상했어요. 그래서 집에서 혼자 많이 울었어요."라고 울먹이면서 말했다. 말하는 은지의 눈을 쳐다보는데 나도 모르게 눈물이 나오려고 했다. "선생님, 저 좀 도와주세요."라는 간절한 눈빛이 느껴졌기 때문이다. 은지는 아버지가 혼자 키우고 계신다. 텅 빈 집에서 은지가 마음을 나눌 사람도 없이 혼자 울었다고 생각을 하니 마음이 저렸다. 은우를 데리고 와서 물어보니 은우는 장난으로 그랬다고 했다. 그래서 내가 은지에게 "은지는 그때 마음이 어땠어?"라고 물었다. "은우가 놀릴 때마다 정말 속상해서 집에서 혼자 많이 울었어요."라고 엉엉 큰 소리로 울면서 말했다. 은우는 은지의 말과 행동을 보며 놀란듯했다. 그리고 은우가 "은지야, 정말 미안해. 네가 그렇게 속상해하는 줄 몰랐어. 이제는 너의 이름을 부를게."라고 말했다. 은지는 알겠다고 이야기했다. 점심시간이 되었다. 은지는 급식소 밖에서 나를 기다리고 있었다. 은지는 마음이 편해졌는지 밝게 웃으며 "선생님, 점심시간에 같이 놀아요."라고 말했다.

3교시 수업을 시작하려는데 아이들이 "선생님, 훈민이가 교실에 안 들어오고 밖에 서 있어요."라고 이야기했다. 그래서 교실 밖으로 나가보니 전담실에 갔다 온 훈민이가 달팽이처럼 느릿느릿 걸어오고 있었다.

"훈민아, 전담실에 가서 무슨 있었어?"라고 물으니 아무 대답을 하지 않았다. 그런 훈민이를 겨우 교실에 데리고 왔다. 교실에 오니 아이들이 "선생님, 오늘 전담실에서 게임을 했는데 훈민이 모둠만 초콜릿을 못 받았어요."라고 이야기했다. 그래서 내가 "훈민아, 게임에 지고 초콜릿을 못 받아서 속상했어?"라고 물으니 그제야 고개를 끄덕였다.

"훈민이 초콜릿 먹고 싶었나 보네."

"네. 제가 초콜릿을 가장 좋아해요. 그래서 게임에 이기고 싶어서 열심히 했는데…."

"그랬구나. 훈민이 아주 속상했겠네."

그때, 민후가 갑자기 일어서서 훈민이에게 왔다. 그리고 초콜릿을 내밀며 "훈민아, 이 초콜릿 너 먹어."라고 이야기를 했다. 내가 민후를 쳐다보니 민후가 귓속말로 "선생님, 저 초콜릿 별로 안 좋아해요. 훈민이가 먹었으면 좋겠어요."라고 이야기했다.

요즘 학교에서 자신의 감정을 어떻게 다루어야 할지 몰라 타인뿐만 아니라 자신까지도 해하는 경우가 종종 있다. 어떤 형태로든 감정을 표현하는 것은 자기의 마음을 알아달라는 간절한 신호이다. 하지만 아이들은 다양한 감정을 느끼지만, 그 감정을 알맞은 언어로 표현하는 것을 어려워한다. '나 지금 화났어요. 나 좀 봐주세요.', '나 지금 외로워요. 나와 같이 있어 주세요.' 등 자신을 도와달라는 메시지를 행동을 표현할 뿐이다. 이럴 때 누군가 아이의 감정을 알아주는 경우와 그렇지 않은 경우의 결과는 천지 차이이다. 가정에서 감정을 공감받고 이해받은 경험이 없는 아이들은 학교에서 갈등을 겪는 경우 자신의 감정을 제대로 표현하지 못해 "학교 가기 싫어요."라고 이야기한다. 부모는 그제야 아이를 바라보게 된다. 그리고 아이가 학교 가기 싫은 원인을 가정에서 찾기보다는 외부에서 찾기 시작한다.

예전에는 몸과 마음이 건강하면 된다고 했다. 하지만 지금은 몸과 마음 그리고 감정까지 다루어야 하는 시대가 왔다. 감정을 다루는 법을 배우는 가장 첫 배움터인 가정에서 부모님이 아이의 감정을 공감하고 이해해주셔야 한다. 어릴 때부터 자신의 감정을 공감받고 이해받은 경험이 많을수록 자신과 남을 존중할 수 있는 아이로 자랄 수 있다.

02

아이가 문제를 일으키는 '이유'는 따로 있다

과제가 어려워요

내가 초임 때 우리 반에 효준이라는 아이가 있었다. 효준이 책상은 항상 종이들로 가득했다. 처음에는 어지럽혀진 책상을 같이 정리했다. 내가 책상 정리를 도와줄수록 효준이는 책상을 더 더럽혔고 도리어 자신이 힘드니까 선생님이 대신 정리해 달라고 했다. 수업시간이 되어도 교과서도 펴지도 않고 종이를 찢고 자르고 붙이기에 여념이 없다. 그런 효준이에게 지금은 수업시간이니까 하던 것 사물함에 넣어 놓고 교과서를 꺼내자고 이야기했다. 처음에는 효준이가 정리하고 교과서를 꺼내는 듯했지만 꺼낸 교과서를 쭉쭉 찢더니 가위로 자르기 시작했다. 처음에는 '나에게 반항하나?'

라는 생각이 들었다. 그래서 효준이에게 선생님이 다섯 셀 동안 정리하지 않으면 가져가겠다고 했다. 그런데도 효준이는 계속 교과서를 잘랐다. 그런 효준이를 쳐다보고 있으니 난감했다. 그래서 효준이 책상에 있던 종이들을 모두 정리해서 가져갔다. 그날 효준이는 그 시간 내내 울었다. 그런 효준이를 매일 지켜보는 게 힘들었다. 효준이를 어떻게 해야 할지 방법도 모르겠고 주위에 물어봐도 돌아오는 말은 힘들겠다는 말뿐이었다.

수학 시간이었다. 수학 시간이면 효준이는 자주 화장실을 갔다. 하루는 화장실에 가는 효준이를 따라가 보았다. 효준이는 화장실을 가지 않고 복도를 한 바퀴 돌고 물을 먹고 왔다. 갑자기 '효준이가 왜 화장실을 간다고 하고 학교를 돌아다닐까?' 하고 의문이 들었다. 생각해 보니 효준이는 수학 시간에만 이런 행동을 했다. 나는 효준이가 교실로 올라오기 전 아무 일 없는 듯이 교실에 와 있었다. 그리고 효준이가 교실로 들어와서 자리에 앉자 나는 효준이 옆에 의자를 가지고 앉았다.

"효준아, 수학 시간이 힘들어?"라고 물으니 효준이가 나를 쳐다보았다. 효준이는 "수학 어려워요."라고 이야기했다. "그럼 오늘은 한 문제만 선생님과 같이 풀어볼까?"라고 말하니 효준이는 알겠다고 했다. 나는 처음부터 효준이가 풀 수 있는 문제를 내주었다. 효준이는 문제를 풀었고 나는 효준에게 과하다 못해 넘치게 칭찬을 해주었다. 그다음 효준이에게 "효준아, 문제 더 풀 수 있겠어?"라고 물으니 효준이는 고개를 끄덕였다. 나는 효준이가 풀 수 있는 두 문제를 내어주었다. 자신감이 생긴 효준이는 두 문제를 금방 풀었다. 그런 효준이에게 "효준아, 효준이 스스로 문제를 풀었네. 대단하다. 우리 효준이 수학 박사였구나!"라고 이야기해 주었다. 나는 "오늘 수학 시간에 효준이가 수업에 집중하고 열심히 했으니까 선생님이 종이 한 장 줄게. 효준이가 만들고 싶은 거 만들어서 선생님께 보여줘."라고 말했다. 그런 효준이는 신이 나서 종이로 만들기를 했다. 그리고 만든 것을 나에게 와서 보여주었다. 나는 효준이에게 "와! 효준이가 뭘 만들었는지 단번에 알 수 있겠는데… 섬세하게 표현을 정말 잘했네."라고 말했다. 그러고 나서 "효준아, 이제 수업시간에 선생님과 같이 수업 활동하고 나면 선생님이 만들기 시간 줄게. 오늘처럼 해볼 수 있겠어?"라고 물으니 효준이는 그렇게 하겠다고 했다.

나는 그때 알게 되었다. 효준이가 화장실을 자주 갔던 이유는 지금 하는 수업이 알아듣기가 힘드니 재미가 없고 과제가 어려웠는데 어떻게 해야 할지 몰라서 문제 행동을 했다는 것을 말이다. 우리는 이런 경우를 '과제회피'라고 한다. 과제를 하는 것이 너무 어렵고 힘든데 어렵다는 말도 못 하고 결국 그 과제를 회피하기 위해 문제 행동을 하는 것이다.

가정에서 책상에 앉아서 집중하기 어려워하거나 어떤 특정 과목을 싫어한다면 지금 아이가 하는 것이 아이에게 주어진 과제가 어려울 수 있다. 처음에는 아이들이 쉽게 풀 수 있는 문제를 풀게 해서 자신감을 가지게 한 후 쉬운 문제 사이에 아이가 해나갔으면 하는 문제를 하나씩 넣어서 아이의 성공 경험을 쌓아 주는 것이 필요하다. 그리고 '즉각적인 칭찬'은 아이가 미래에 이 행동을 일으키는 빈도를 높일 수 있다. 아이가 과제가 어려울 때 "어려워요. 도와주세요."라고 말할 수 있는 분위기를 만드는 것 또한 아주 중요하다.

관심받고 싶어요

"선생님, 첫째가 공부를 하고 있으면 동생이 와서 첫째 연필도 뺏고 심지어 첫째 몰래 색연필로 교재에다 낙서까지 해요. 왜 그럴까요? 첫째 공부 습관은 들여야 하는데 둘째 때문에 속상해요."

어머니가 상담 오셔서 나에게 하소연을 했다.

"그럼 둘째가 첫째 공부를 방해하면 어머니는 어떻게 하시나요?"

"둘째를 데리고 나가서 첫째 공부 방해 안 되게 장난감을 가지고 놀아줘요."

"그럼 둘째는 시간이 지날수록 더 첫째 공부를 방해하겠네요."

"네. 맞아요. 선생님 어떻게 아셨어요?"

"어머니의 관심을 받고 싶은 둘째가 첫째 공부를 방해하니 어머니가 관심을 두는 거예요. 심지어 장난감도 손에 쥐여주고 놀아주기까지 하는 거예요. 그럼 첫째 공부를 방해하는 행동은 어떻게 될까요? 점점 더 심해지겠죠. '내가 형 공부를 방해하니 엄마가 나한테 관심을 주네!'라는 생각으로 미래에 그 행동은 점점 더 증가하게 되는 거예요. 둘째는 엄마의 관심을 받는 게 목적이니까요."

"선생님, 그럼 어떻게 해야 해요?"

"둘째가 형 공부를 방해하지 않고 잘 놀고 있을 때 칭찬해 주세요. 그리고 혼자 잘 놀고 있을 때 아이와 놀아주세요. 그럼 둘째는 '형 공부를 방해하지 않고 잘 놀면 또 엄마가 칭찬해주고 놀아주겠지.'라는 기대가 생기면서 형의 공부를 방해하지 않는 행동의 빈도가 늘어날 거예요."

어머니는 그제야 둘째가 왜 그런 행동을 했는지 알게 되었다며 당장 집에 가서 해봐야겠다고 하셨다. 우리가 일상에서 모르고 실수하는 것 중에 잘못된 행동에 강화하는 것이다. 아이가 계속 문제 행동을 한다면 '엄마, 지금 하는 방법은 효과가 없어요. 다른 방법으로 바꾸셔야 해요.'라는 신호이다. 이 신호를 알아채는 부모만이 아이가 변할 수 있는 축복의 기회를 얻는 것이다.

잘하고 싶어요

수학 수업이 끝나고 아이들 몇 명이 나에게 와서 이렇게 말했다.

"선생님, 정음이가 수학 익힘책 답지 보고 풀었어요."

"맞아요. 저도 봤어요."

점심을 먹고 정음이를 불렀다. 정음이와 학교 화단을 거닐면서 이야기를 나누었다.

"정음아, 오늘 수학 시간에 수학 익힘책 답지 보고 풀었다고 친구들이 이야기하던데 맞아?"

그 말을 듣는 순간, 정음이의 눈시울이 빨개지면서 고개만 끄덕였다.

"왜 답지 보고 풀었어?"

"엄마를 기쁘게 해드리고 싶었어요."

"엄마를 기쁘게 해드리고 싶었다고?"

"네. 엄마가 너무 좋은데 엄마가 수학 익힘책 다 맞아오면 정말 좋아하세요. 저는 엄마가 기뻐하는 모습을 보는 게 좋아요."

"그랬구나. 엄마는 정음이가 정직하지 못한 행동으로 다 맞은 걸 알게 되시면 더 속상하실 것 같은데…. 지금 당장 엄마는 기쁘실지 모르지만, 그 사실을 알게 된다면 기쁨보다 더 많이 슬프실 것 같아. 모르는 문제가 있으면 선생님이 도와줄 테니 다 익혀서 다시 풀어가는 건 어때?"

"그럼 그렇게 해서 다 맞을 수 있을 거예요?"

"물론이지."

부모님이 학습만을 중요하게 여기시거나 몇 점 이상 못 받으면 아이가 좋아하는 것을 못 하게 한다던가 점수를 잘 받아 올 때만 피드백을 하시는 경우 아이들이 부정한 행위를 하는 경우가 종종 있다. 부모님에게 잘 보이고 싶어서 또는 무서워서 100점은 맞고 싶은데 자신이 없는 경우 이런 행동을 종종 한다. 부모님이 아이가 좋은 점수 받는 것에 집중하면 지금 당장은 좋은 점수가 나올 수 있지만 '나는 뭐든지 할 수 있는 특별한 존재'라는 상위 가치는 배울 수가 없다. 아이들에게 점수를 강요하면 할수록 아이는 자신에 대한 불신만 쌓여가게 된다.

불편해서 그래요

등교 시간이 지나고 아침 활동시간이 되어도 아이가 등교하지 않으면 걱정된다. 그래서 매일 출석 체크를 하는데 신기하게도 늦게 오는 친구는 매일 늦게 온다는 것이다. 매일 늦게 오는 경우 부모님과 통화하면 하나 같이 하시는 말씀이 아이를 아무리 깨워도 스스로 일어날 생각이 없다고 말씀하신다. 등교 시간은 다 되어가고 애는 타고 결국 아이에게 화를 내고 만다며 나에게 하소연을 하신다.

"선생님, 아침마다 전쟁이에요. 별 별 방법을 다 동원해도 매일 늦게 일어나요. 아무리 깨워도 안 일어나니 정말 스트레스예요."

"그죠? 등교 시간이 다 되어가면 더 걱정되시죠?"

"네. 선생님, 방법이 없을까요?"

"몇 시에 자나요?"

"음, 12시 넘어서요."

"네? 12시 넘어서요."

"좀 늦게 자죠?"

"잠자는 시간부터 바꾸지 않으면 매일 같은 상황이 반복될 거예요. 부모님이 다시 일어나시더라도 10시에 같이 잠자리에 드셔야 해요. 그래야 일찍 일어나고 즐거운 마음으로 등교하고 수업 활동도 집중이 잘되죠. 민우가 왜 사소한 일에 짜증을 내고 화를 내는지 알겠어요."

"선생님, 민우가 학교에서 그런가요?"

"학교 오면 몸 상태가 좋지 않거나 피곤해 보일 때가 자주 있었어요. 그때마다 사소한 일에 짜증을 내고 화를 내더라고요. 잠을 푹 자지 못하니 민우 자신도 감정 조절이 잘 안 되었나 봐요. 어른도 잠을 푹 못 자면 예민해지듯이 말이에요. 아이들도 신체적으로 불편하거나 외부적인 영향으로 심리적으로 불편하면 문제 행동이 나오거든요. 그런데 이건 원인만 잘 다루어주면 문제 행동이 아니에요. 민우는 일찍 자고 잠만 푹 자면 될 것 같아요."

병이라서 그래요

새 학기가 되었다. 첫날, 한 아이가 눈에 띄었다. 그래서 교실에서 자리 배치를 할 때 내가 가장 잘 보이는 곳으로 배치를 했다. 아이는 자리에 앉아 있지를 못했고 쉬는 시간이면 사물함 위에 올라가 친구들의 작품을 모조리 땠다. 그리고 자신이 원하는 것만 하려고 했다. 그래서 원하는 것을 얻을 때까지 똑같은 말을 계속 반복했다. 그런 윤민이의 모습을 어머니에게 말씀드렸지만, 어머니는 믿지 않으셨다. 그럴 리가 없다고 말이다. 윤민이의 행동은 날이 갈수록 더 심해지고 심지어 친구들 때리기까지 했다. 친구들을 때리는 행동이 계속 반복되어 어머니께 다시 전화를 드렸다. 어머니께서는 여전히 본인 아이를 인정하지 않으셨다. 어느 날, 어머니께서 윤민이 병원을 데리고 가기 위해 학교에 찾아오셨다. 수업이 끝나지 않아 창문에서 교실을 보고 계셨는데 수업시간에 돌아다니고 사물함 위에 올라가는 윤민이를 보신 것이다. 내가 "윤민아, 위험하니까 내려와."라고 말해도 윤민이는 막무가내였다. 그래서 사물함에서 억지로 윤민을 내려오게 하니까 윤민이는 소리를 지르면 교실 바닥에 데굴데굴 구르며 울기 시작했다. 어머니는 처음으로 윤민이의 모습을 본 것이다. 그날 윤민이 어머니는 아이의 심각성을 느끼고 병원을 예약해서 검사를 받으러 가셨다. 윤민이는 발달장애판정을 받았다. 학교에서 아이의 행동에 대해 말씀을 드리면 '집에서는 안 그런데요.', '저도 어릴 때 그랬어요.', '원래 아이는 그런 거 아닌가요.'라고 말씀하신다. 이런 말들은 아이에게 전혀 도움이 되지 않는다. 아이들의 병적인 문제로 진단을 받는 경우 80% 정도가 기관에서 부모에게 전달되는 경우가 대부분이라고 한다. 문제를 빨리 인식하고 진단을 받아서 치료를 잘 받으면 예후가 좋은 경우가 많다. 부모님들이 아이를 인정하기 어렵거나 사회적 인식으로 인해 진료를 미루시는 경우가 많다. 부모 자신의 면(面)때문에 아이가 치료받아야 할 적기를 놓친다면 이 얼마나 한탄스러운 일인지 모른다. 그래서 나는 증상이 보이면 부모님께 말씀드려 먼저 진단을 받아보시라고 말씀드린다. 그것이 아이를 위한 길이라고 말이다.

부모는 아이가 문제 행동을 일으키면 문제 행동에만 주목한다. 하지만 아이의 문제 행동은 부모에게 주는 신호임을 알아야 한다. 과제가 힘들어서인지, 관심을 받고 싶어서인지, 잘하고 싶어서인지, 불편해서 그런지, 병이 있어서 그런 것인지 행동 안에 숨어 있는 이유를 알아채는 힘이 필요하다. 당장 눈에 보이는 문제 행동에만 집중하면 짜증과 화만 날 뿐이다. 그리고 이런 부정적인 피드백은 문제 행동을 가중할 뿐이다. 모든 행동에는 이유가 있다. 아이들이 문제 행동으로 신호를 줄 뿐이다. 아이의 '행동'이 아니라 '신호'에 주목하면 문제는 더는 문제가 아니다.

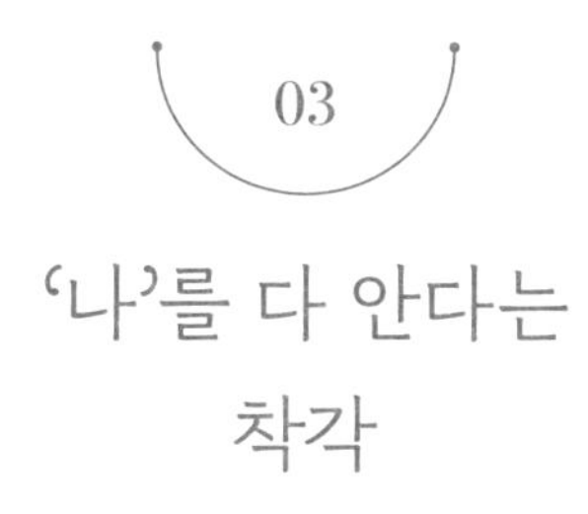

‘나’를 다 안다는 착각

나는 주말 부부이다. 그래서 토요일이면 아이들과 같이 저녁을 먹고 각자의 자유 시간을 즐긴다. 나는 그 시간에 남편과 둘만의 시간을 갖는다. 주로 남편과 같이 카페에 가서 여러 가지 이야기를 나눈다. 아이들 이야기, 직장 이야기, 책 이야기, 인생 이야기 등 다양한 주제로 이야기를 나누는데 요즘은 가치에 관한 이야기를 많이 한다.

얼마 전 남편과 ‘경쟁’에 대한 이야기를 나누었다. 내가 남편에게 이렇게 말했다.

“경쟁이란 내 불안과 질투 같은 못난 감정들이 만들어내는 판타지라는 생각이 들어요. 내 인생에 전혀 쓸모가 없는 것이 남과의 경쟁이라는 것을 알게 되었어요. 경쟁이라는 것에 자유로워지니까 정말 행복해요. 그러니 모든 사람이 잘 되었으면 좋겠고, 돕고 싶고 나누고 싶다는 생각이 들어요."

그 이야기를 들은 남편이 한참을 웃으며 입을 뗐다.

"당신 입으로 그런 이야기를 하니 여러 가지 생각이 드네요."

남편의 말을 듣고 나는 의아해했다. '무슨 생각이 든다는 거지?'라는 궁금증으로 남편의 이야기를 이어서 들었다.

"내가 한참 남들과 하는 경쟁은 아무런 의미도 없으며 나의 성장을 막을 뿐이라 이야기했을 때 당신이 아니라면서 경쟁에서 승패가 난 다음에야 비로소 평화로운 관계가 성립된다고 이야기했던 기억이 나네요. 사람의 생각이 한순간에 달라지는 것이 신기하기도 하네요."

그 이야기를 듣는 순간, '내가 남편에게 그런 이야기를 했었나?' 하는 생각이 들었다. 나는 내가 그런 말을 했다는 기억조차 없었다. 지금 내가 생각하고 있는 것이 이전에도 그렇게 생각했던 것처럼 느껴졌기 때문이다. 우리는 매번 우리가 믿고 있는 것이 재평가된다. 믿음이 재평가될 때마다 나는 새로운 신념을 가지게 되는 것이다. 내가 하는 착각 중에 가장 큰 착각이 '나'를 다 안다는 착각이라는 믿음이 재평가되었다.

하루는 친구가 전화가 왔다. 전화를 받는 순간, 다짜고짜 도통 내 아이지만 이해가 안 된다고 했다. 왜 그러냐고 물어보니 얼마 전 담임선생님께 연락이 왔다고 했다. 선생님께서 아이가 교실을 돌아다니고 주의 집중이 전혀 되지 않아 수업 방해 행동을 많이 한다며 가정에서는 어떠냐고 물어봤다고 했다. 그래서 친구가 가정에서 모습에 대해 말씀드리고 별문제가 없다고 했다고 한다. 그 말을 들으신 선생님께서 병원 진단을 권유했다고 했다. 친구는 유치원에서는 그런 피드백을 한 번도 받은 적이 없는데 선생님이 우리 아이 미워하는 거 아이냐고 나에게 물어봤다. 1학년 아이가 좀 산만할 수 있지 그것 가지고 병원 진단까지 받아보라고 말하는 건 너무 한 거 아니냐며 나에게 불같이 화를 내며 이야기했다. 이 말을 들은 부모의 마음이 오죽하겠냐 싶었지만, 친구와 아이를 위해서 조심스럽게 이야기해 주었다.

"친구야, 지금부터 내가 하는 말은 너를 비난하거나 비판하려고 하는 말이 아니야. 나는 내가 정말 좋아하는 내 친구와 아이를 위해 하는 말이라는 것을 명심하고 들었으면 좋겠어. 그리고 모든 사람은 자기 자신을 다 알지도 못하고 알 수도 없다는 것을 알았으면 좋겠어. 그래서 모든 것이 네 탓이 아니야. 매년 수많은 아이와 생활하시는 선생님의 경험은 사실 무시할 수가 없잖아. 나 정도 경력이 되면 일주일만 아이를 관찰해도 아이의 기질과 성향이 파악되거든. 그리고 ADHD 아동은 더 눈에 선명하게 들어와. 내 주위에 선생님들께서 부모님께 병원 진단을 권유해서 병원에 가보면 선생님이 말씀하신 병명이 나오거나 말해주신 것 이상으로 진단이 나오는 일도 있어. 담임선생님께서 너의 아이의 미래를 위해 용기 내서 말씀해 주신 거야. 화를 내기 전에 객관적으로 한 번만 생각해 보면 좋겠어. 그리고 나는 아이를 빨리 병원에 데리고 가서 진단받아봤으면 좋겠어. 진단받는다고 병에 걸린 건 아니잖아. 진단받아 보면 객관적으로 우리 아이를 알게 되는 거잖아. 그리고 아이도 진단받아보고 의사 선생님의 도움을 받으면 학교 적응하고 친구들과 잘 지내는 데 정말 큰 도움이 돼. 학교에서 생활하는 사람은 네가 아니고 너의 아이잖아."

친구는 한동안 말이 없었다. 그리고 굳게 다문 입을 열었다.

"화정아, 내가 나도 잘 모르고 아이는 더 몰랐던 것 같아. 그동안 아이가 학교에서 얼마나 힘들었을까 생각하느냐고 마음이 아파. 당장 병원 예약해서 가봐야겠어. 너도 말하기 쉽지 않았을 텐데 이야기해 줘서 정말 고마워. 병원 다녀와서 다시 전화할게."

사실 학교에서 문제 행동으로 인해 진단받아보라고 권유하기가 쉽지 않다. 처음 반응이 "우리 아이가요?"라고 말씀하시며 아이의 상황을 인지하지 못하고 부정하신다. 그다음 실제 상황을 받아들이기 시작할 때 화를 내신다. “선생님이 뭔데 우리 아이한테 그런 이야기를 하느냐고, 선생님이 우리 아이 제대로 알긴 하냐고.” 그렇게 여러 차례 피드백이 가면 상황을 받아들이기 시작하면서 “우리 아이 그냥 놓아두세요.” 하면서 이 상황을 피하려고 한다. 계속해서 피드백이 가서 현실을 받아들이고 상황의 불가피성을 깨닫게 되면 자신을 자책하게 된다. “선생님, 제가 잘 못 키운 건가요? 모두 제 탓인가요? 제가 잘 못 살았나요?” 하시면서 자신을 탓하신다.

“어머니 탓이 아녜요. 지금부터가 중요해요. 아이의 상태를 정확하게 알아서 아이가 삶을 행복하게 영위해 나가는 데 도움을 함께 주었으면 해요. 지금 어머니의 마음가짐이 가장 중요한 시기예요. 위기가 기회라는 말 있잖아요. 어쩌면 아이가 평생 살아가는 데 가장 중요한 순간이 될 수 있어요.” 이때부터 진짜 상담이 시작된다.

가장 힘든 부분이 부모의 생각을 바꾸는 것이다. 지금까지 내가 생각하고 행동했던 일들이 일상에서 패턴처럼 반복된다는 것을 아는 것이 중요하다. 반복되는 패턴을 바꾸기 위해서 가장 첫 번째로 해야 하는 것은 내 생각을 바꾸고 지금과 반대로 행동해야 한다는 것이다. 이것이 가장 핵심이다. 부모와 이야기하다 보면 스스로가 어떤 생각을 하고 어떤 행동을 하면서 아이를 키우고 있는지 모르는 경우가 참 많다. 그래서 자신의 아이를 객관화하지 못한다. 또한, 이러한 과정 자체를 골치 아픈 일로 여기며 피로하다고 말한다. 이때 우리는 아이 덕분에 좀 더 나은 삶을 살게 된다는 생각으로 내 생각과 행동을 되돌아보고 아이를 객관화해야 한다.

요즘에는 수업 대회가 없어졌지만, 예전에는 수업 대회가 있었다. 그래서 수업 대회에 나가 본선에 진출하면 수업 시연을 감독관 앞에서 해야 했다. 수업 시연을 위해 먼저 내가 제 수업하는 모습을 영상으로 찍어 보았다. 그리고 그 영상을 선생님들과 함께 보고 피드백을 받았다. 처음 영상 속에 나와 마주하는 것이 너무나 힘들었다. '얼굴은 왜 저렇게 생겼지?', '말할 때 입 모양은 왜 저렇지?', '자세는 왜 이렇게 구부정하지?', '어디를 쳐다보고 말을 하는 거지?', '불필요한 말을 왜 저렇게 많이 하지?', '내가 저런 습관이 있었구나.' 등 나의 겉모습부터 말버릇, 습관까지 모든 것을 보게 되었다. 마치 내가 벌거벗은 느낌이었다. 게다가 선생님들까지 함께 보니 얼굴이 화끈거리고 어디라도 숨고 싶었다. 피드백을 받는 순간, 모두가 나를 질타하고 비난하는 것처럼 느껴졌다. 그날, 나는 만신창이가 되어 집으로 갔다. 그 당시 극도의 스트레스를 받아 내 생애 가장 살이 많이 빠졌던 것 같다. 수업 대횟날은 다가오는데 살은 점점 빠지고 얼굴을 초췌해져 갔다. 하루는 이러다간 도와주신 선생님들에게 민폐가 되겠다는 생각이 문득 들었다. 그래서 영상을 다시 보고 내가 고쳐야 할 부분을 적어나가기 시작했다. 그리고 멘토 선생님께 조언을 얻어 하나씩 수정해 나갔다. 집에서 전신 거울을 세워놓고 얼마나 연습했는지 모르겠다. 학교에서 선생님들 앞에 연습하고 집에서도 남편과 아이를 앉혀 놓고 연습했다. 하도 연습을 많이 해서 오래 서 있으니 허리가 끊어질 것 같았다. 하지만 연습하면 할수록 자신감이 점점 생겼다. 그렇게 수업대회에 선 나는 전혀 다른 사람이 되어있었다. 사람들이 처음 수업대회 나온 거 맞느냐면서 칭찬하는 모습에 나도 많이 놀랐다.

그때 이런 생각이 들었다.

'나에게 이런 모습도 있구나. 내가 말을 잘 못 하고 남 앞에 많이 떠는 사람이라고 생각했는데 나는 말을 차분히 잘하고 안정감 있게 수업하는 사람이었구나. 나에게 모든 면이 있는데 내가 어떤 면을 선택해서 보느냐에 따라 나 스스로 나에 대한 정의가 달라지는구나.'

아이를 관찰하고 이해하기 전에 나를 관찰하고 이해하는 과정이 선행되어야 한다. 내가 어떤 생각을 가지고 사는지 어떤 말을 자주 하는지 어떤 행동을 하는지 말이다. 첫 번째는 내가 일상에서 생활하는 모습을 영상으로 찍어 보고 자신과 마주하는 시간을 가져보았으면 좋겠다. 즉, 내가 나를 보는 제3의 관찰자가 되는 것이다. 나를 보는 관찰자가 되었을 때 내가 훨씬 더 객관적으로 보인다. 두 번째는 아이들이 어떻게 말하고 행동하는지 관찰했으면 좋겠다. 아이는 부모의 뒷모습을 보고 자란다는 말처럼 아이가 하는 말과 행동이 나의 모습과 유사한 부분이 많기 때문이다. 세 번째는 내가 나를 알기 위해 노력하면서 살았으면 좋겠다. '자기 이해'가 바탕이 되어야 '자기 객관화'가 되고 '자기 객관화'가 되어야 '자아 성찰'로 나아갈 수 있다. '자기 성찰'이 이루어질 때 변화가 일어난다. 변화가 일어나기 시작하면 내 눈앞에 펼쳐지는 모든 것들이 변화한다. 육아의 엉킨 실타래는 바로 내가 나를 알기 위한 행위를 할 때 풀린다. 그 변화의 중심은 '나'라는 것을 잊지 말자!

자신의 감정을 잘 다루는 부모가 아이의 감정도 잘 안다

선생님들과 이야기를 하다 보면 다른 선생님들은 괜찮은데 유독 본인의 눈에만 거슬리는 아이의 행동이 있다고 말씀하신다. 한 선생님은 아이들을 좋아하고 수업도 열심히 하는 분이셨다. 유독 의자를 까닥까닥하는 아이를 보면 못 견디겠다고 토로했다. 그런 아이들을 보면 이상하게 화가 난다고 하셨다. 그런데 왜 화가 나는지 자신도 모르겠다고 하셨다.

또 다른 선생님은 유쾌하시고 아이들과 즐겁게 수업을 하시는 분이셨다. 이야기할 때 "왜요?" 하면서 입바른 소리를 하는 학생을 못 견디겠다고 하셨다. 그런 아이들을 보면 자신에게 공격한다는 생각이 들어 꼭 한마디 해주고 싶다고 하셨다.

또 다른 선생님은 활동적이시고 아이들과 신나게 수업을 하시는 분이셨다. 그런 선생님께서는 실내화를 구겨 신는 아이를 보면 갑자기 가슴속에서 뭔가가 치밀어 오른다고 하셨다. 그리고 꼭 가서 아이에게 한마디 하고 온다고 그것도 병이라면서 이야기를 하셨다.

유독 본인의 눈에만 거슬리는 아이의 행동이 있다는 것은 자신의 어렸을 때 경험과 환경, 문화 등에 의해 형성된 감정이 표현되는 것이다. 그래서 자신도 모르는 사이에 비슷한 상황에서 무의식적인 반응으로 나타난다. 왜 그런 감정이 드는지 본인 스스로 알아차리지 못하는 경우가 많다. 알아차리지 못하는 경우 그런 상황이 계속 반복되며 부정적인 감정을 계속 느낄 수밖에 없다.

부모를 대상으로 연수를 했을 때 한 어머니는 아이가 칭얼대는 모습을 못 견디겠다고 했다. 그래서 어렸을 때 어떤 일이 있었냐고 물어보니 자신이 칭얼댈 때마다 부모님이 거슬리게 칭얼댄다면서 갑자기 등을 세게 때리시며 모진 말을 했다고 했다. 그 말을 하는 순간, 어머니는 자신이 아이가 칭얼대는 모습을 볼 때마다 자신이 어렸을 때 느낀 감정이 떠오른다는 것을 알게 되었다. 그래서 내가 다른 분들에게 "여러분은 아이가 칭얼대는 모습을 보면 어때요?"라고 물으니

"저는 아이가 몸이 불편한가 싶어 걱정돼요."
"저는 내가 도와줄 부분이 있나 생각해요."

"저는 아이가 괜찮아질 때까지 관찰하면서 기다려요."

아이가 칭얼대는 모습 하나에도 사람마다 감정이 다를 수 있다는 것을 알게 된 어머니는 어린아이처럼 정말 좋아하셨다.

아이의 특정한 모습에 사람마다 감정이 다른 이유는 자신의 메타감정(Meta-emotion) 때문이다. 메타감정(Meta-emotion)이란 '감정에 대한 감정'으로 자신이 느낀 감정에 대해 느끼는 감정을 말한다. Meta는 그리스어를 기원으로 하여 "뒤에, 사이에", "변경된, 바뀐,", "더 높은, 초월하여" 뜻을 가졌다. 즉, '무엇의 더 높은, 무엇을 초월한'이란 뜻이다.

아이가 슬퍼서 울고 있다면 그것은 '슬픔'이라는 감정이다. 그런데 아이가 슬퍼하는 모습을 봤을 때 아이의 슬픔에 대한 부모의 감정은 메타감정(Meta-emotion)이다. 아이가 슬퍼서 울고 있는 모습을 보고 아이가 자주 울어서 짜증이 날 수도 있고 사내자식이 또 운다면서 남 앞에서 아이가 운다는 것이 창피하게 느껴질 수도 있다. 어떤 부모는 아이를 충분히 돌봐주거나 만족시켜주지 못한다는 게 속상하거나 후회될 수 있다. 이렇게 울고 있는 아이의 감정에 대해 부모마다 다양한 감정을 느낄 수 있는데, 그것을 메타감정(Meta-emotion)이라고 한다.

메타감정을 인식하는 일은 아주 중요하다. 자신에게 어떤 메타

감정이 있는지를 모른다면 아이의 감정을 제대로 읽어줄 수가 없다. 위험한 행동을 하는 것을 싫어하는 엄마가 그것이 메타감정인지 모르는 상태에서 아이가 위험한 행동을 할 때 아이의 감정을 읽어주기 전에 메타감정이 자신을 통제하게 된다. 집을 어지르는 모습을 싫어하는 메타감정을 지닌 엄마는 정리 정돈을 제대로 안 하는 아이를 보면 화가 난다. 이때 아이를 비난하며 훈계하고 상처를 줄 수 있다. 모든 사람이 정리 정돈을 제대로 하지 않았을 때 똑같은 감정이 들지 않는다는 것을 알게 되면 자신의 잣대로 아이를 판단하지 않을 수 있다. 즉, 자신의 메타감정을 알아차리는 것이 자신의 감정을 다루는 기본이 되는 것이다.

많은 부모가 감정을 표현하는 것이 서툴다. 한 부류는 슬퍼도 화를 내고, 걱정돼도 화를 내고, 불안해도 화를 내고, 무서워도 화를 낸다. 모든 감정을 '화'로 표현한다. 또 다른 부류는 화가 나도 화나지 않은 척, 슬퍼도 슬프지 않은 척, 무서워도 무섭지 않은 척한다. 모든 감정을 숨기려고 애를 쓴다. 자신의 감정을 '화'로 격렬하게 쏟아내는 부모도 자신의 감정을 숨기는 부모도 자신의 감정을 다스리는 능력이 똑같이 떨어진다는 말이다. 그리고 자신의 감정을 다스리는 능력이 떨어지는 부모 밑에 자란 아이들 또한 감정을 다스리는 능력 훨씬 떨어진다.

30년 상담소를 운영하신 지인이 아이가 감정이 조절되지 않는 이유는 부모가 감정이 조절되지 않는 경우가 대부분이라고 하셨다. 하지만 부모가 감정을 알아차리는 연습을 하고 자신의 감정을 건강하게 표현하는 연습만 해도 아이는 평온해진다고 했다. 그리고 부모가 감정의 파도에 휘둘릴 때마다 위험한 상황에 부닥치는 것은 부모 자신뿐만 아니라 부모를 너무나 사랑하는 아이까지라고 말씀하셨다.

나는 아이들에게 내 감정을 솔직하게 표현한다. 퇴근하고 집에 왔는데 집이 엉망이고 싱크대 그릇은 넘쳐나고 간식을 먹고 난 후 식탁 위 음식물이 정리되어 있지 않으면 짜증이 난다. 거기에다 직장에서 스트레스를 받고 온 날이면 짜증이 배가 된다는 것을 나는 알고 있다. 그래서 나는 짜증이 올라오면 아이들과 인사를 나누고 방에 들어간다. 그리고 옷을 갈아입고 거울을 보며 호흡을 한다. 그렇게 안정이 되면 내 감정을 알아채고 생각을 정리하는 시간을 잠시 가진다. 그러고 나서 밖으로 나와 아이들에게 말한다.

"엄마가 퇴근하고 와서 집이 엉망이고 먹고 난 그릇과 식탁 정리가 되어있지 않으면 짜증이 나. 그래서 간식 먹고 난 그릇은 정리하고 식탁은 행주로 꼭 닦아 놓았으면 좋겠어. 시간이 지나면 음식물이 말라서 닦으려면 힘들거든. 부탁할게. 그리고 지금 같이 정리를 하면 금방 끝날 것 같네. 그러면 엄마도 행복할 것 같아."

나도 처음부터 감정 조절이 잘 된 건 아니다. 연습에 또 연습했다. 연습하면 할수록 감정을 인식하고 나의 감정을 조절하는 것이 어렵지 않았다. 오히려 반복할수록 더 쉽게 감정 조절이 되었다. 더 좋은 점은 매일 내 기분이 좋다는 것이다. 기분이 좋으니 상황을 객관적으로 인지하고 현명하게 대처할 방법까지 보였다. 그렇게 일이 잘 해결되니 또 기분이 좋아지는 긍정패턴이 만들어졌다.

얼마 전 우리 반 아이가 나에게 물었다.

"선생님은 어떻게 저희 마음을 잘 알아요?"

아이의 질문을 듣고 나도 깜짝 놀랐다.

"선생님의 너희 마음을 잘 알아주는 것 같아?"

"네. 선생님은 항상 제 마음을 읽어주세요. 가끔 저도 제 마음이 어떤지 모를 때가 있는데 선생님이 그런 제 마음을 알게 해 줘요."

"그래? 그렇게 말해주니 선생님도 정말 기분이 좋네."

"찬욱이가 다른 사람의 마음을 잘 알아주는 능력이 있어서 선생님한테서도 보이는 거야."

내가 머리를 자르고 가면 선생님들조차 모르는데 항상 먼저 알아봐 주고 예쁘다고 이야기해 주는 아이가 찬욱이다. 그런 찬욱이는 상대방의 마음을 잘 헤아리고 자신의 마음도 건강하게 잘 표현한다.

삶에서 신체, 정신, 감정까지 균형을 이루기 위해 가장 중요한 것은 무엇일까? 바로 자신의 감정을 인지하고 단어로 표현해 보는 것. 내 안에 있는 감정은 무의식 중에 나타나기 때문에 자신의 감정을 인지하려고 노력하지 않으면 알기가 어렵다. 내가 감정을 표출하는 방식이 부정적이라면 이 또한 자신의 감정을 긍정적으로 바꾸라는 신호이다. 이때 부정적인 감정을 긍정적으로 바꾸어보면서 자신의 감정을 다루는 연습을 해야 한다. 감정을 다루는 연습을 하다 보면 감정을 자연스럽게 다루는 법을 알게 된다. 부모가 자신의 감정을 잘 다루면 아이의 감정 또한 잘 다룰 수밖에 없다. 부모는 자신을 다루고 성장시킬 기회를 아이 덕분에 얻게 되었으니 행운아가 아닐까?

자신의 감정을 알아채고 하나의 단어로 표현하는 연습이 필요하다. 감정의 종류를 알아보고 자신이 오늘 느끼는 감정이 무엇이며 감정표현까지 다음 페이지에 실린 감정표현 일지에 적어보자.

감정과 관련된 단어 예시

기쁨	슬픔	화남	두려움
신나는	슬픈	화난	무서운
즐거운	눈물이 나는	싫은	두려운
재미있는	미안한	짜증 나는	공포스러운
흥겨운	마음 아픈	미워하는	불안한
흥분되는	불쌍한	심통 나는	떨리는
자신 있는	재미없는	샘나는	겁나는
할 수 있는	지루한	질투하는	진땀 나는
자랑스러운	따분한	지겨운	조마조마한
발랄한	의욕 없는	귀찮은	초조한
생생한	무관심한	답답한	다리가 후들거리는
용기 있는	시큰둥한	속상한	굳어버린
짜릿한	위축된	좌절한	긴장한
몰두하는	의기소침한	괴로운	주눅 드는
열정적인	외로운	억울한	소름 끼치는
흥미로운	막막한	신경질 나는	오싹한
힘찬	기운이 없는	분한	괴로운
날아갈 것 같은	피곤한	열받는	고통스러운
밝은	걱정되는	곤두선	
	고민되는	질투하는	
	후회되는	약 오르는	
	실망스러운	욱하는	
	조심스러운	충격적인	
	안타까운	상처받은	
	싸늘한	섭섭한	
	허탈한	비참한	
	우울한	변덕스러운	
	울적한		
	서러운		

감정표현 일지

날짜	감정	상황 (감정을 유발한 상황이나 장면)	감정표현
	걱정	아이가 거짓말을 했을 때	엄마는 네가 믿음직스럽지 못한 사람이 될까 봐 걱정돼.
	놀람	아이가 넘어져서 다쳤을 때	엄마는 네가 다쳐서 놀랐어.

우리 아이
제대로 사랑하고 있는 걸까?

〈요즘 육아 금쪽같은 내 새끼〉를 볼 때면 나도 모르게 목이 멘다. 성가시게 군다고, 말을 안 듣는다고, 밥을 안 먹는다고 방에 가두거나 온몸을 멍으로 물들이는 부모들이 하나 같이 하는 말이 아이를 사랑하니까 눈물을 머금고 벌을 주었다고 한다. 나는 이런 말을 들을 때마다 가슴이 무너져 내린다. 아이를 사랑하면 품에 안아야지 사랑한다는 명목 아래 아이에게 폭력과 폭언을 가하는 부모를 보면 부모 자격이 있나 싶다. 그래서 나라 차원에서 부모 되기 전에 꼭 부모교육을 의무적으로 받게 했으면 좋겠다. 부모는 아이를 내 목숨과 같이 소중히 여기고 사랑한다고 말한다. 그런 소중한 존재를 키우는데 '왜' 배우려고 하지 않는지 의문이다.

부모의 폭언과 폭력에 계속적으로 노출된 아이는 대부분 다시 그런 부모가 되는 악순환이 계속된다. 학교에서도 보면 아이가 친구는 물론 선생님에게 폭언과 폭력을 행사하는 경우 부모로부터 대물림되는 경우가 대부분이다. 더 문제는 부모는 자신이 하는 말과 행동이 아동 학대라는 것을 스스로 모른다는 것이다. 본인도 그렇게 자랐기 때문이다. 아이가 부모에게 아동 학대를 심하게 당하면 어디라도 말을 해서 도움을 청할 것 같지만 정작 아무에게도 말을 하지 않는다. 멍이 난 자국을 보고 물어봐도 넘어져서 다친 거라고 이야기하며 오히려 부모를 감싼다. 그렇게 여러 가지 정황으로 이야기를 하다 보면 결국 부모에게 버려질까 봐 말을 하지 않는 경우가 대부분이다. 부모에게 학대를 받은 아이들과 이야기하다 보면 원하는 것은 오직 하나. 부모에게 사랑받고 싶은 마음뿐이다.

매슬로는 사람에게 5가지 욕구가 있다고 했다. 생리적 욕구, 안전욕구, 소속과 애정의 욕구, 존경의 욕구, 자아실현의 욕구까지 사람의 욕구를 5단계 설을 주장했다. 제일 하층에 있는 생리적 욕구는 의식주에 관련된 것이다. 즉, 생존과 관련이 있으므로 생리적 욕구를 채우지 못하면 사람은 살아갈 수가 없다. 그다음 안전욕구는 보살핌과 보호와 관련이 있다. 신체적으로나 정신적으로 안정되지 못한 사람은 항상 불안과 두려움 속에 살아간다. 그다음은 애정과 소속의 욕구이다. 애정과 소속의 욕구는 사랑과 사회적 관계에 관련이 있다. 그래서 우리가 사랑받지 못하면 가정이나 학교에서 감정을 다루지 못하고 문제 행동으로 표출이 되는 경우가 많다. 그래서 부모의 보살핌과 돌봄을 받지 못해 방치되거나 부모의 폭언과 폭력에 항상 노출되면 사랑에 대한 결핍과 안전에 대한 불안을 가진 아이로 자라게 된다. 그리고 나아가 교우 관계, 사회성, 의사소통, 학습까지 조화롭게 이루어지지 못한다. 그 이유는 하위 욕구가 충족되지 못해 상위 욕구인 존경의 욕구와 자아실현의 욕구로 나아가지 못하기 때문이다.

친한 동생이 직장에 다니고 있었는데 둘째가 초등학교 2학년 올라갈 때 육아 휴직을 한다고 했다. 자신은 육아 휴직해서 지금까지 아이에게 못 해줬던 것을 다 해주고 싶다고 했다. 그래서 내가 무엇을 해주고 싶냐고 물으니 이렇게 대답했다.

"둘째가 1학년 때 학교 마치고 돌봄 하고 학원 다녀오면 저녁 6시였어요. 제가 마치는 시간이 6시니까 어쩔 수 없이 학원을 전전할 수밖에 없었어요. 그래서 퇴근하고 와서 아이를 볼 때면 안쓰러운 마음에 제가 죄인이 된 것 같은 기분이 들었어요. 그래서 육아 휴직해서 아이와 놀이터에서 실컷 같이 놀고 공부도 봐주고 싶어요."

한 달 후, 친한 동생이 만나자고 전화가 왔다. 내가 무슨 일 있냐고 물으니 만나서 이야기하자고 했다. 친한 동생은 나를 보자마자 고민이 많다면서 어떻게 해야 할지 모르겠다고 했다. 그리고 나에게 이렇게 말했다.

"언니, 첫째와 둘째를 같이 공부를 가르치는데 어떻게 해야 할지 모르겠어요. 첫째 둘째 한 살 터울인데 제가 공부를 시켜보니 둘째가 학습적인 부분에서 첫째보다 빨라요. 둘째는 문제도 빨리 풀고 채점만 해주면 제가 딱히 할 게 없는데 첫째는 문제도 천천히 풀고 다 풀 때까지 보고 있으려니 제가 속이 터져요. 그래서 둘이 같이 공부를 하는 게 맞는지 모르겠어요."

그래서 내가 "학습적인 면에서 둘째가 첫째보다 잘한다는 생각이 들면 같이 앉아서 학습을 시킬 때 첫째와 둘째를 비교하는 말이나 행동을 할 수 있어. 너는 어떤 것 같아?"라고 물어보았다. 친한 동생은 "맞아요. 같이 공부를 시키다 보면 비교가 되고 둘째보다 못하는 첫째를 보며 나도 모르게 답답해서 화를 내게 돼요."라고 했다. 나는 "공부를 가르치다가 첫째 둘째가 비교되고 화를 난다면 굳이 엄마가 공부를 가르칠 필요가 있을까? 육아 휴직을 한 이유는 아이와 함께 행복한 시간을 보내기 위해서인데 그 시간에 공부 때문에 아이를 비교하고 화까지 낸다면 나중에 육아 휴직 끝나고 더 후회되지 않을까? 사랑을 주기도 부족한 시간이잖아."라고 이야기했다.

요즘 서점에 가면 엄마표 영어, 엄마표 독서, 엄마표 문해력, 엄마표 놀이 '엄마표'라는 이름이 붙은 책들이 많이 있다. 그런 책들은 꼭 엄마가 아이를 가르치지 않으면 무능력한 엄마인 것처럼 느끼게 한다. 그리고 엄마들은 자신이 아이를 가르치는 것이 아이에게 주는 또 다른 사랑이라고 생각한다. 그런데 '엄마표'라는 이름으로 아이 공부를 가르치는 것보다 더 중요한 것은 육아 속에서 엄마와 아이 모두 행복해야 한다는 것이다. 공부로만 맺어진 관계는 공부가 끝나면 더는 지속되지 않는다. 그리고 아이가 공부로 인해 부모와 부정적인 관계가 형성된다면 얼마나 슬픈 일인가? 부모는 아이를 위해 학습 관리까지 자처했지만 결국 돌아오는 것은 어긋난 관계뿐이다.

2학년 아이들과 받아쓰기를 할 때였다. 하루는 윤성이가 받아쓰기 점수를 보는 순간 환호성을 질렀다. 그런 윤성이의 모습을 처음 보았기 때문에 관심 가지고 쳐다보고 있었다. 나는 윤성이에게 "윤성아, 받아쓰기 100점 받아서 그렇게 좋아?"라고 물었다. 윤성이는 "네. 선생님. 받아쓰기 100점 받으면 엄마가 돈 준다고 했거든요. 오늘 엄마한테 돈 받을 생각 하니 정말 좋아요."라고 말했다. 나는 속으로 '그렇구나.' 싶었다. 조금 안타깝기도 했지만 뭐라고 말할 수는 없었다.

내가 중학생이 되었을 때 부모님께서 1등 하면 원하는 것을 사주겠다고 하셨다. 그래서 나는 부모님께 삐삐를 사달라고 했다. 부모님은 알겠다고 하셨고 나는 첫 시험에 1등을 했다. 삐삐를 사주시는 부모님을 보면서 같이 사시던 할머니가 이렇게 말씀하셨다.

"도대체 1등 했다고 저런 비싼 물건을 사주면 나중에는 집까지 팔아서 사줘야겠네. 버릇을 저리 들이면 나중에 어떡하려고 그러나. 쯧쯧쯧."

그 말을 들으신 부모님의 난처한 얼굴이 지금도 생생하다. 공부를 위해서라면 뭐든지 해주는 부모들을 보면서 할머니의 말이 가끔 떠오른다.

요즘 아이들은 초등학교 들어오기 전부터 웬만한 어른 못지않게 바쁘다. 초등학교에 들어오면 아이들이 서로에게 "너 학원 몇 개 다녀?"라고 물어본다. 아이마다 자신이 다니는 학원 수를 말하기에 바쁘다. 그중 학원 수 세기에 손가락이 모자란 아이가 "우리 엄마가 예체능 학원은 노는 거니까 공부하러 가는 건 아니래."라고 해맑게 웃으며 친구들에게 말한다. 그 상황을 물끄러미 바라보고 있던 소희가 "나는 학원 안 다녀."라고 이야기를 했다. 모든 아이가 소희를 쳐다보았다. 아이들은 "소희야, 너 진짜 학원 안 다녀? 와~진짜 좋겠다. 정말 부러워."라고 하나 같이 말했다. 소희는 그저 웃기만 했다.

요즘 엄마들은 쉴 틈도 놀 틈도 없이 학원 뺑뺑이를 돌아야 하는 아이들이 나날이 더 괴로워져 가는 게 현실이라는 사실을 알고 있다. 그래서 자신도 아이를 괴롭히는 엄마가 되는 게 너무 싫지만 그렇게 하지 않으면 '내 아이만 뒤처질까 봐.' 걱정되어 학원을 보낸다고 한다. 그리고 엄마는 변명하듯이 "그래도 저는 다른 엄마들에 비해 안 시키는 편이에요. 이 정도면 정말 기본이에요."라고 말한다. 비교 대상은 '다른 엄마들'이다. 본인은 그런 엄마들에 비하면 아무것도 아니라고 이야기한다. 그리고 자신보다 덜 시키는 엄마들에게 말한다. "요즘 아이 그렇게 놓아두다간 큰일 나. 빨리 학원 알아봐."라고 말하며 안도의 가슴을 쓸어내린다. 나만 나쁜 엄마가 아니라서.

아이를 키우는 주체는 부모다. 내 아이를 어떤 사람으로 키워야 할지는 부모가 제일 잘 알아야 한다. 자신의 아이도 어떻게 키워야 할지 갈피를 못 잡는 다른 엄마들이 과연 우리 아이에 대해 얼마나 생각을 할까? '내 아이만 뒤처지면 어쩌지?'라고 걱정하는 시간에 내 아이를 어떤 사람으로 키워야 할지. 내 아이가 어떤 아이인지. 생각해 보는 것이 진짜 아이를 위한 길이 아닐까? 그것이 진정한 사랑이 아닐까 싶다.

부모가 아이를 사랑하는 마음은 예나 지금이나 변함이 없다. 모두 자기 아이가 잘되기를 바라고 행복하게 살기를 바란다. 그래서 열심히 아이를 교육하고 지원하지만 정작 아이들은 행복하지 않다. 그리고 부모는 부모대로 섭섭해한다. '내가 너를 어떻게 키웠는데….' 정말 아이를 사랑해서, 아이가 잘되기를 바라는 마음에서 그러는 것인데 아이가 알아주지 않고 잘 따라오지 못하면 때로는 엇나가거나 반항한다고 속상해한다. 하지만 아이가 부모의 사랑을 제대로 느끼지 못하고 힘들어한다면 부모는 한 번 생각해봐야 하지 않을까? 지금 부모가 아이를 위해 하는 것들이 과연 아이에게 진정한 사랑으로 다가가고 있는지를 말이다.

요즘 부모들은 항상 사랑에 조건을 붙인다. 1등 하면, 100점 맞으면, 좋은 대학 가면이라는 말로 사랑의 가치를 허무하게 만든다. 성인이 되어서도 잘해야 사랑받고 완벽해야 사랑받는다고 조건을 만들어 준 건 누굴까? 어쩜 부모가 아이를 위해 애는 부단히 쓰지만 제대로 된 사랑을 아이에게 전달하고 있는지 되짚어봐야 한다.

우리 아이 이해하고 알아가기

수민이와 수연이는 쌍둥이였는데 둘 다 우린 반이었다. 상담을 오신 어머니께서 이렇게 말씀하셨다.

"선생님 한배에서 나온 쌍둥이가 이렇게 다를 수 있나요? 수민이와 수연이는 닮은 구석이 없어요. 수연이는 얌전하게 놀고 적응도 잘하는데 수민이는 까탈스러움 그 자체예요. 잠시도 쉬지 않고 움직이는 수민이 때문에 정신이 하나도 없어요. 그리고 온종일 뭐가 그리 궁금한지 왜요? 늘 달고 살아요. 그리고 자기 뜻대로 안 되면 고집을 얼마나 피우는지 달랠 수조차 없어요. 제 양육법에 문제가 있는 건지 수민이에게 문제가 있는 건 아닌지 걱정이에요."

3월 새 학기 첫날, 아이들은 새로운 교실, 새로운 선생님, 새로운 친구들을 만나게 된다. 나는 새로 만나는 아이들을 파악하기 위해 3월 새 학기 첫날 아이들에게 하는 질문이 있다. 바로 "새 학년이 되니까 어떤 생각이 들어요?"이다. 모든 아이에게 똑같은 새 학기 첫날이지만 아이들의 반응은 다르다. 크게 나누자면 다음과 같은 세 가지 반응으로 나온다.

"저는 선생님과 친구들이 어떨지 기대돼요."
"저는 어떤 활동을 할지 궁금해요."
"저는 선생님과 친구들과 잘 지낼 수 있을지 걱정돼요."

앞의 세 가지 반응처럼 태어날 때부터 타고난 특성이 있다. 우리는 이것을 '기질'이라고 한다. 미국의 아동 정신 학자인 스텔라 체스와 알렉산더 토마스라는 아이의 기질에는 다음의 9가지 특성이 영향을 끼친다고 보았다.

다음 페이지에 실린 대조표와 같이 이런 9가지 특성의 조합에 따라 아이의 기질은 크게 3가지로 나눌 수 있다. 순한 기질, 까다로운 기질, 느린 기질로 나뉜다. 세 기질이 어떻게 다른지 새 학기 첫날 반응으로 알아보자.

아이 기질 판단하는 대조표

특성	내용
활동 정도(활동 수준) (activity level)	얼마나 아이가 활발하게 몸을 많이 움직이는가? 운동 능력이 어느 정도인가? 주간에는 활동하고 야간에는 활동하지 않는가?
리듬성(주기성) (rhythmicity)	배고픔, 먹기, 배설, 수면, 깨어있기 상태가 얼마나 리듬감 있게 규칙적인가? 생활 습관을 예측할 수 있는가?
접근성 (approach or withdrawal)	새로운 자극(예: 장난감, 음식, 사람 등)에 대한 흥미를 보이는가? 아니면 위축되거나 회피하는가?
적응 능력 (adaptability)	주변 환경이 바뀔 때 얼마나 빨리 그리고 편하게 적응 행동을 보이는가? 이제까지의 행동을 바뀐 환경에 적응하여 수정할 수 있는가?
반응의 정도 (intensity of reaction)	자극을 받았을 때 어느 정도로 기분을 표현하는가?
반응성의 역치 (또는 수준) (threshold of responsiveness)	시각, 청각, 촉각 등 감각 자극에 분명하게 반응하는 데 필요한 자극의 강도는? 온도, 습도, 소음 등 아이를 둘러싼 주변 환경에 분명하게 반응하는 데 필요한 자극의 강도는? 사람과의 접촉에 반응하는 데 필요한 자극의 강도는? 위의 3가지 자극에 반응하는가?
산만한 정도 (주의 산만도) (distractibility)	외부의 자극으로 인해 주의가 어느 정도 이동하는가? 주변 자극에 방해받지 않고 얼마나 집중할 수 있는가?
기분의 질 (quality of mood)	유쾌하고, 즐겁고, 다정한 행동과 이에 상반된 기분인 불쾌하고, 우울하고, 비우호적인 행동은 어느 정도 나타나는가?
주의 집중 시간과 인내력 (지속력) (attention span and persistence)	얼마나 오랜 시간 특정한 행동을 할 수 있는가? (주의 집중 시간) 장애물이 있어도 그 행동을 쉽게 그만두지 않는가? (인내력)

1. 순한 기질 아이(Easy temperament, Easy child)

"저는 선생님과 친구들이 어떨지 기대돼요."라고 말한 아이는 순한 아이이다. 순한 아이는 부모님이 아이가 어렸을 때 잘 먹고 잘 자고 잘 놀아서 "거저 키웠다."라는 말을 많이 하신다. 예방접종 때문에 주사를 맞으러 가도 주사 놓을 때만 '잉'하고 울다가 주삿바늘이 빼고 엄마가 안아주면 언제 그랬냐는 듯이 울음을 뚝 그치는 아이들이다. 이런 아이들은 새로운 사람이나 환경을 긍정적으로 받아들이고 좌절하더라도 쉽게 극복한다. 그래서 새 학기 적응을 잘하고 친구들과도 잘 논다.

2. 까다로운 기질 아이(Difficult temperament, Difficult child)

"저는 어떤 활동을 할지 궁금해요."라고 말 한 아이는 까다로운 아이이다. 까다로운 아이는 부모님이 아이가 어렸을 때 "키우기 어렵다."라는 말을 많이 하신다. 조그만 자극에도 금방 반응하며 가만히 있지 않고 활력이 넘친다. 그래서 부모님들이 아이의 에너지를 도저히 따라가지 못하겠다고. 놀이터 안 나가면 큰일 나는 줄 안다고 말씀하신다. 그리고 호기심이 많아 "왜요?" 질문을 많이 하고 궁금증이 해결되지 않으면 못 참는다. 자신이 좋아하는 것을 하고 있을 때 미리 이야기하지 않고 부모님이 원하는 대로 이끌어 자기 생각이나 예측대로 흘러가지 않으면 그때부터 짜증을 내기 시작한다. 부정적인 감정이 강하게 행동으로 이어져 부모님이 아이의 행동을 보고 고집부린다고 이야기하신다. 그래서 까다로운 아이를 양육하고 계시는 부모님은 육아가 힘들다고 말씀하신다. 이런 아이들은 생활 리듬이 불규칙하고 정서가 안정되어 있지 않아 환경 변화에 적응하거나 욕구 지연이 어렵다. 그래서 새 학기 부정적인 반응으로 갈등을 일으키는 경우가 종종 있다.

3. 느린 기질 아이(Slow to warm-up temperament, Mixed child)

"저는 선생님과 친구들과 잘 지낼 수 있을지 걱정돼요."라고 말한 아이는 느린 아이이다. 느린 아이는 부모님이 아이가 어렸을 때 적응하는데 시간이 오래 걸려 "키우는데 신경이 많이 쓰인다."라는 말을 많이 하신다. 새로운 자극에 천천히 적응하며 약간 부정적인 반응을 보인다. 그리고 새로운 환경에 적응하는데 시간이 필요하며 새로운 장소, 새로운 사람, 새로운 사물을 만날 때 적응하는데 시간이 오래 걸린다. 그래서 새 학기 새로운 장소와 대상에 대해 경계심을 가지고 서서히 관심을 가진다.

세 가지 기질에 따라 부모가 도움을 줄 방법을 알아보고 실천한다면 육아가 좀 더 편해질 것이다. 세 기질에 따른 도움 주는 방법을 알아보자.

기질에 따라 도움 주는 방법

1. 순한 기질 아이

자기 생각을 표현하는 방법을 알려주어 건강한 정서 발달을 도와주세요.

- 매일 특별한 관심 보여주기
- 아이 스스로 욕구 표현하도록 알려주고 수용하기
- 의견 주장하는 방법 알려주기

2. 까다로운 기질 아이

적당한 통제와 활동을 주며 유연한 육아법이 필요해요.

- 안전한 환경에서 활동적인 놀이하기
- 스스로 선택할 수 있도록 대안 제시하기
- 할 일을 미리 안내해 주고 준비 시간 주기
- 상황에 맞춰 융통성 있게 생활하기

3. 느린 기질 아이

새로운 상황에 적응할 수 있도록 천천히 기다려주세요.

- 아이가 적응하는 동안 충분히 기다리기
- 새로운 것은 단계적으로 시작하기
- 낯선 환경에서는 아이가 익숙 해 질 때까지 부모와 함께하기

부모가 아이들의 기질을 알고 있으면 육아가 수월하고 아이들은 편안함을 느낀다. 그래서 부모는 아이의 기질을 아는 것이 중요하다. 아이의 기질을 알지 못하고 부모의 생각대로 말하고 행동할 경우 아이와 갈등이 생긴다. 그리고 그 갈등으로 인해 육아가 힘들어질뿐더러 걱정도 많아진다. 지피지기면 백전백승이라고 했다. 우리 아이를 알면 이해할 수 있고, 이해하면 더 아이를 잘 알아갈 수 있다. 그럼 아이도 행복하고 부모도 행복한 육아가 될 수 있다는 것을 잊지 말자.

#

3 장

아이의 올바른 성장은 부모의 '원칙'에 달렸다

내 아이 만의 속도 존중하고 기다려주기

첫째는 초등학교 때 글을 쓰면 단어 중 한 글자를 빠뜨리거나 맞춤법을 틀리게 적는 경우가 많았다. 1~2학년 때는 '그럴 수도 있지.' 하고 생각했는데 3학년이 되어서도 글자의 받침을 빠트리거나 아예 단어의 글자를 빼먹는 경우가 허다했다. 그래서 조금씩 걱정이 되기 시작했다. 그때 마침, 친한 지인이 소그룹으로 독서 논술을 할 건데 같이하자고 했다. 그래서 마침 잘 되었다 싶어 첫째에게 독서 논술을 권했다. 그렇게 첫째는 친구들과 독서 논술을 시작했다. 독서 논술을 한 달 정도 하고 나서 선생님께 전화가 왔다. 선생님께서 단번에 말씀하지 않으시고 뜸을 들이셨다. 그리고 이렇게 말씀하셨다.

“어머니, 형찬이가 글을 읽고 이해도 잘하고 발표도 잘해요. 그런데 제가 걱정되는 부분이 있어요. 예전에 3학년부터 지도한 아이가 있었는데 그 아이는 글을 쓸 때 단어의 글자를 빠트리거나 자신이 쓰고자 하는 글자와 다르게 글자를 썼어요. 저는 시간이 지나면 괜찮을 줄 알았는데 5학년이 되어도 그 습관이 고쳐지지 않더라고요. 형찬이가 그 아이와 비슷해서 걱정되네요.”

“선생님, 그 습관을 고치려면 어떻게 해야 하나요?”라고 여쭤보니 본인도 정확한 방법은 모르겠다고 하셨다. ‘이 상황에서 첫째에게 글자에 관해 이야기하면 그때부터 첫째는 글 쓰는 것 자체를 싫어하는 아이로 자라겠지.’라는 생각이 들었다. 그래서 처음에는 첫째와 놀이처럼 한 줄씩 정확하게 글 읽기부터 시작했다. 틀리게 읽는 사람은 한 줄 더 읽기를 하면서 일부러 내가 틀리게 읽었다. 그런 첫째는 더 자신 있게 글을 읽기 시작했다. 그리고 첫째가 좋아하는 책을 같이 필사를 했다. 그리고 서두르지 않았다.

나 또한 천천히 또박또박 글을 쓰면서 나의 필체가 달라지는 것을 느꼈다. 첫째를 보면서 내 태도가 어떤가 돌아보게 되었다. 급하게 무엇인가를 하려고 했던 내 태도를 천천히 정확하게 바꾸려고 노력했다. 그래서 항상 마음속에 ‘일찍 시작하되 서두르지 말자.’라는 말을 되뇌었다. 그리고 첫째에게 이렇게 말했다.

"형찬아, 지금 네 머릿속에 하고 싶은 말이 많은데 손이 못 따라가서 그래. 네가 조금 더 자라면 네가 하고 싶은 말의 속도와 손이 쓰는 속도가 만나질 거야."

하루아침에 되지 않으리란 걸 알기 때문에 조바심 나는 나의 마음부터 잡았다. 문제에 대한 열쇠는 내 마음에 들어있다는 생각이 드는 순간 평온해지는 것을 느꼈다. '첫째에게 행동과 상관없이 자신감을 줘야지.'라고 생각하면서 첫째가 조금만 나아져도, 나아지는 게 보이지 않아도 자신감을 느끼게 말끝마다 과할 정도로 칭찬을 많이 했다.

첫째는 칭찬할수록 점점 자신감을 가지기 시작했다. 그렇게 1년을 꾸준히 첫째와 함께 같은 책을 읽고 필사를 했다. 첫째가 5학년이 되었을 때 담임선생님께서 일기를 매일 적게 하셨다. 하루는 첫째가 나에게 와서 흥분된 목소리로 "엄마, 선생님이 제가 일기 잘 적었다면서 아이들 앞에서 읽어주셨어요."라고 말했다. 그리고 나에게 일기를 보여주었다. 첫째가 학교에서 쓴 일기를 읽는데 눈물이 나려는 걸 겨우 참았다. 나는 "우리 아들, 꾸준히 매일 글을 쓴 너의 노력이 대단해. 글 속에 너의 생각이 멋지게 잘 표현되었네. 감동스러워."라고 말하며 꼭 안아주었다. 그렇게 첫째는 아무 일도 없었던 듯이 자신의 멋진 생각을 다른 사람에게 정확하게 표현할 수 있는 글을 쓰게 되었다.

둘째는 새로운 환경에 적응하는 데 시간이 오래 걸렸다. 그래서 처음 어린이집 갈 때 적응을 잘할 수 있을지 걱정이 이만저만이 아니었다. 어디든 데려가도 적응 잘하고 잘 노는 첫째를 키우면서 이런 걱정을 해보지 못했다. 9월에 학교에 복직해야 해서 둘째를 8월에는 어린이집을 보내야 했다. 아이와 어린이집에 가기 전에 어린이집 선생님께 아이의 기질에 대해 말씀드리고 아이가 적응할 때까지 며칠만 어린이집에 동행해도 되겠냐고 여쭤보니 괜찮다고 하셨다.

어린이집 간 첫날, 내가 있음에도 불구하고 둘째는 어린이집에 들어가려고 하지 않았다. 울면서 들어가지 않겠다고 온몸으로 거부하는 아이를 보면서 '적응할 수 있을까?'하는 생각과 동시에 '아니야. 적응할 수 있다고 나만 믿으면 돼.'하는 생각이 동시에 떠올랐다. 그래서 내가 먼저 어린이집 선생님께 인사를 드리고 안으로 들어갔다. 현관을 지나 공용 거실에 미끄럼틀이 바로 보였다. 둘째도 어느 순간 울음을 그치고 나를 따라왔다. 첫날에는 공용 거실에서 미끄럼틀을 타고 놀다가 교실을 구경하고 집으로 왔다. 둘째 날 아이와 손을 잡고 어린이집에 갔다. 자연스럽게 선생님과 인사를 하고 공용 거실을 지나 교실로 같이 들어갔다. 둘째는 다양한 교구들이 눈에 들어왔는지 교실을 두리번거렸다. 둘째에게 엄마 밖에 있으니까 걱정하지 말라고 하니 그제야 끄덕였다. 그렇게 교실에서 1시간 수업을 받고 집으로 가게 되었다. 나는 일주일 동안 공용 거실에 앉아 있었다. 그때 공용 거실에 앉아 딱 한 가지 생각만 했다. '둘째는 어린이집 적응하고 즐겁게 다닐 거야. 나만 조급해하지 않으면 돼.'라고 말이다. 그리고 어린이집에서 나오는 둘째를 기쁘게 맞아주자고 다짐했다.

그다음 주, 둘째만 어린이집에 들여보내고 나는 가기로 했다. 둘째에게 미리 말해주니 알겠다고 했지만, 또 걱정이 올라왔다. 그 걱정을 내려놓는데 부단히 애를 썼다. 둘째는 어린이집으로 들어가더니 내가 따라 들어오지 않는 것을 보고 울면서 나에게 매달리기 시작했다. 그때 어린이 선생님께서 "어머니, 이제 단호해지셔야 해요. 아이에게 반갑게 인사하고 가세요."라고 말씀하셨다. 선생님 말씀을 듣고 나는 "나중에 만나. 엄마가 데리러 올게."라고 말하고 뒤돌아섰다. 나는 둘째의 울음소리를 뒤로하고 집으로 왔다.

나는 둘째가 하원하는 시간만을 기다렸다. 둘째가 어린이집에 가서 어떻게 보냈는지, 울지는 않았는지 수많은 물음표가 생기면서 몇 시간이 아주 길게 느껴졌다. 그리고 하원 시간이 되어 어린이집에 둘째를 데리러 갔다. 밝은 표정으로 나오는 둘째를 보고 안도의 한숨을 쉬었다. 어린이집 선생님께서 "현주가 어린이집 들어가자마자 울음을 그쳤어요. 그리고 친구들과도 잘 놀고 활동도 즐겁게 하고 밥도 잘 먹던데요. 어머니 전혀 걱정할 필요가 없겠어요."라고 말씀하셨다. 나를 안심시켜 주시고 기다려주신 선생님께 다시 한번 감사함을 느꼈다.

부모는 아이를 낳아 기르며 인내를 배운다. 배려도 배우고 용기도 배운다. 내가 경험해보지 못한 일을 겪으며 한꺼번에 더 많이 배운다. 첫째와 둘째 덕분에 나는 나를 되돌아보게 되었고 매일 성장했다. 그리고 아이들을 기르는 과정에서 애를 태우면서 지금 당장 걱정이 아무런 도움이 안 된다는 것을 수없이 경험했다. 참으로 신기한 것은 아이를 다 키우신 친정어머니는 이런 상황을 심각하게 생각하지 않았다는 것이다. 걱정에 집중하지 않으면 해결된다는 것을 알았기 때문일까?

학기 초, 쉬는 시간이면 나에게 와서 "선생님, 화장실 가도 돼요?"라고 묻는 아이가 있었다. '쉬는 시간인데 3학년이 이런 것까지 묻지?' 하면서 좀 의아스러웠다. 그런 윤지는 매번 나에게 자신이 하는 것을 확인받으려고 했다. 나는 윤지가 물어볼 때마다 대답을 해 주었다.

윤지 어머니와 상담을 했을 때 어렸을 때부터 다른 아이들보다 느렸다면서 입학 전까지 언어 치료를 받았다고 하셨다. 보통 아이가 느린 경우 부모님이 "선생님, 너무 답답해요."라고 말하기 일쑤인데 어머니께서 무던하게 윤지의 이야기를 하셨다. 그런 윤지는 뭐든 열심히 했다. 수업 시간에 나의 이야기를 집중해서 듣고, 같이 지켜야 할 규칙을 정말 잘 지켰다. 자신이 해야 할 일을 스스로 하고 숙제도 꼬박꼬박 해왔다. 처음에는 학습 부분에서 느린 듯 보였으나 단지 속도만 느릴 뿐 기다려주기만 하면 끝까지 해내는 아이였다. 그리고 다 못하면 "선생님 쉬는 시간에 해도 돼요?", "점심 시간에 해도 돼요?", "집에 가서 마저 마저 해와도 돼요?"라고 이야기가 하며 뭐든 끝까지 끈기 있게 했다. 1학기가 끝나면서 윤지는 느린 게 아니라 자신만의 속도가 있다는 것을 알게 되었다.

2학기 어머니와 상담을 했다. 어머니께서 생활 부분과 학습 부분에 관해 물어보셨다. 나는 이렇게 대답했다.

"어머니, 윤지는 잘하고 있으니 걱정하실 필요가 없으세요. 어머니께서 윤지를 기다려주시고 지켜봐 주셔서 자신의 속도대로 잘 해나가고 있어요. 지금처럼 자신만의 속도대로 꾸준히 해나간다면 그 힘은 무한할 거예요."

아이를 키우다 보면 생각지도 않은 일이 찾아와 애를 태우기도 하고 걱정거리를 안겨주기도 한다. 하지만 생사를 다투는 일이 아니라면 어떤 문제든 해결 방법은 있기 마련이다. 내가 천천히 풀어나가다 보면 누군가가 나를 도와주기도 한다. 그리고 시간이 흐르면 자연스레 제자리로 돌아온다. 아이 기르는 것도 내 아이만의 속도를 존중하고 그 순간을 음미하며 차분히 기다리면 내가 생각지도 못한 찬란하고 경이로운 순간이 온다. 부모가 아니면 경험할 수 없는 그 찬란하고 경이로운 순간을 꼭 경험해 보시기 바란다.

02

내 아이의 가능성을 믿음으로 격려하기

선생님들을 대상으로 〈나는 행복한 교사로 살기로 했다〉 강의를 하게 되었다. 나는 교사로서 아이들을 만나면서 그리고 내 아이를 키우면서 행복에 대해 고민을 많이 했었다. 결국, 우리가 살아가는 이유는 미래의 행복을 위해서가 아니라 '지금, 이 순간 행복'을 위해서라는 것을 깨닫게 되었다. 선생님들이 지금, 이 순간 행복하려면 어떻게 해야 할까? 선생님들은 깨어 있는 시간의 절반을 넘게 교실에서 아이들과 함께한다. 그런 교실이라는 공간 속에서 행복해진다면 선생님들에게 도움이 되지 않을까? 하는 생각이 들었다. 그래서 내가 교실에서 매 순간 행복했던 이유를 생각해 보았다. 그리고 지금까지 생각해 봤던 것 실천해 왔던 것을 정리해 보는 시간을 가졌다. 강의 준비를 위해 주말에는 대부분 시간을 도서관에서 보냈다. 밥 먹는 시간도 아까워서 간단한 간식으로 점심을 때웠다. 그렇게 두 달 정도 준비를 했다. 그런데 강의를 준비하는 내내 힘들다는 생각보다는 오히려 설레고 기뻤다.

많은 선생님 앞에서 처음 하는 강의라 준비하고 연습할 것이 많았다. 나는 많은 사람 앞에 서 있다는 생각만 해도 긴장이 되었다. 그리고 목소리가 떨리고 얼굴이 빨개졌다. 내가 만든 나의 한계를 스스로 넘어야 하는 순간이 왔다. 이때 필요한 것은 나에 대한 믿음과 피나는 연습밖에 없었다. 강의 내용뿐만 아니라 농담까지 연습했다. 그리고 학교 선생님들 앞에서도 연습한 후 강의 내용을 다듬고 또 다듬었다. 그리고 나의 말투, 표정, 제스처까지 계속 수정해 나갔다.

강의하기 3일 전, 강의 장소에 미리 가 보았다. 퇴근 후 가니 어두컴컴한 저녁이었다. 연구사님의 배려로 강의 장소에 들어가게 되었다. PPT도 틀어보고 동영상 소리도 맞추고 나의 동선을 미리 시뮬레이션해 보았다. 그리고 마지막으로 선생님들 앞에서 멋지게 강의하는 나를 상상하면서 와 주신 모든 선생님께 미리 감사함을 전하고 집으로 왔다. 집으로 가는 길에 가슴이 벅찼다. 그리고 한계를 넘어 도전하는 내가 대견스러웠다.

강의 당일이 되었다. 강의실에 갔을 때 생각보다 떨리지 않았다. 방학 내내 하루 종일 생각하고 또 생각해서 그런지 낯설지가 않았다. 그리고 강의가 끝나고 선생님들이 강의가 정말 도움이 많이 되었다고 하시며 박수를 쳐주시는 장면을 상상하니 기분까지 좋아졌다. 그리고 강의가 시작되었다. 시나리오를 달달 외울 정도로 연습을 한 덕분인지 호응해 주시는 선생님 덕분인지 말이 술술 나왔다. 5분이 지나니 떨린다는 생각조차 들지 않았다. 대답해 주시고 손뼉 쳐주시고 함께 해주시는 선생님들에게 감사할 따름이었다. 그렇게 강의는 선생님들의 우레와 같은 박수 속에 무탈하게 끝이 났다. 연수가 끝나고 강의실에서 나가려는 찰나 연수 담당 연구사님께서 나에게 이렇게 말했다.

"선생님, 강의 많이 해 보셨죠? 제가 지금까지 본 강의 중 최고였어요. 강의를 정말 잘하세요. 다음에 다른 대상자로 강의를 또 해주실 수 있으세요?"

"정말요? 저 연수원에서 하는 강의 오늘 처음이에요. 그렇게 말씀해 주시니 감격스럽네요. 강의 잘 봐주셔서 감사해요. 다음에 언제든지 불러주시면 또 올게요."

가벼운 발걸음으로 강의실 밖으로 나오는데 멀리서 선생님 한 분이 나를 쳐다보고 계셨다. 그리고 나에게 다가오셔서 "강사님, 강의가 정말 많이 도움이 되었어요. 정말 감사해요."라며 말씀하시는데 가슴이 벅찼다. 연수원에 강사로 오시는 분들은 대부분 강의 경력이 많으신 분들이다. 나처럼 처음 강의하는 분은 없었다.

그런 나를 믿고 강의를 제안해 주신 선생님께 정말 감사했다. 그래서 강의를 제안해 주신 선생님께 전화를 드렸다. 나의 강의 내내 참관을 하셨다고 했다. 그리고 나에게 이렇게 말씀하셨다.

"저는 선생님 믿었어요. 강의하시는 내내 멋있었어요."

나를 믿어준다는 말. 이 말이 인생에서 얼마나 중요한지 나는 안다. 나의 가능성이 무한하다는 것을 내가 의심하고 믿지 못할 때가 있다. 그럴 때 누군가 한 사람이라도 나를 믿고 격려해 주는 것은 인생에서 가장 큰 선물이다. 요즘 나의 가능성이 무한하다는 것을 매일 경험하고 있다. 내가 그런 경험을 하면 할수록 내가 만나는 모든 아이의 가능성이 무한하다는 것을 확신하게 되었다. 부모도 자신을 믿고 자신의 가능성이 무한하다는 경험이 수반될 때 내 아이의 가능성 또한 믿고 격려할 수 있다.

첫째의 꿈은 과학자이다. 바이러스에 대해 관심이 많아 바이러스 쪽을 연구하는 과학자가 되고 싶다고 했다. 코로나를 겪으면서 코로나와 같은 상황이 또 오더라도 빠르게 극복해 나갈 수 있도록 사람들을 돕고 싶다고 했다. 그래서 과학고를 가겠다는 목표를 세우고 열심히 공부했다. 중2 첫 시험을 치렀다. 하지만 아이가 열심히 노력한 만큼 결과가 나오지 않았다. 첫째에게 원하는 결과가 나오지 않은 원인을 생각해 보고 해결 방법을 찾아보자고 했다. 스스로 해결 방법을 찾은 첫째는 자기 나름의 방식대로 실천했다. 그리고 기말고사를 치고 나서 자신이 원하는 결과가 나오기 시작했다.

하지만 2학기 중간고사를 친 후 아들이 "엄마, 제가 노력한 만큼 결과가 안 나오니까 자괴감이 들어요."라고 말했다. 그래서 내가 "시험의 결과는 단지 숫자일 뿐이야. 그 숫자와 너의 가치를 절대 비교하면 안 돼. 너는 무한한 가능성을 가지고 있어. 단지 걸리는 시간이 사람마다 다를 뿐이야. 남과 비교하지 말고 어제와 너와 비교해서 매일 성장하는 데 집중했으면 좋겠어."라고 말했다.

2학기 기말고사까지 친 후 결국 과학고를 포기하게 되었다. 아니, 사람들을 도울 수 있는 또 다른 길을 선택했을 뿐이다. 나는 여러 가지 상황에 대해 생각하고 아이가 좌절하지 않게 힘을 주고 싶었다. 그래서 첫째에게 "과학고를 못 간다고 해서 내가 원하는 것을 이루지 못하는 게 아니잖아. 인생에는 여러 가지 길이 있단다. 그 길 중에 다른 길을 선택해서 갈 뿐이야. 너에겐 목적지가 있잖아. 목적지를 보고 앞으로 간다면 그 목적지에 어떻게든 도달할 수 있어. 엄마가 살아보니 포기만 안 하면 되더라. 엄마는 너 믿어."라고 말하며 꼭 안아 주었다. 나는 첫째를 믿는다. 첫째의 그 간절한 마음이 순수하고 아름답기 때문이다. 그런 첫째를 매일 믿음으로 응원하고 격려한다.

둘째는 5학년이 되어서 처음으로 영어 학원에 가게 되었다. 집에서만 영어 공부를 하다가 학원에 가려니 걱정되는 부분이 있었다. '아이가 처음 가는 영어 학원에 적응할 수 있을까? 안 간다고 하면 어쩌지?'라는 생각이 문득 들었다. 하지만 문제는 적응이 아니었다. 영어 테스트를 쳐서 level 되어야 다닐 수 있다는 것이었다. 나 혼자 김칫국물만 마셨다. 당연히 실력은 된다고 생각하고 적응만 걱정했던 것이었다. 영어 테스트를 치고 한 달이 지나도 영어 학원에서 연락이 없었다. '여기 떨어지면 어디 가지?' 집 주위에 영어 학원에 다녀보고 전화해 보고 아이의 성향에 가장 잘 맞을 것 같은 곳을 골랐는데 떨어지면 어디로 가야 할지 고민이었다. 다른 학원을 알아보려고 하는 찰나 영어 학원에서 연락이 왔다. 나도 모르게 소리를 지를 뻔했다. 주위에 모든 영어 학원에 문의를 해봤지만, 우리 아이에게 가장 잘 맞는 곳이라는 생각이 들었기 때문이다. 그렇게 아이는 첫 영어 학원을 갔다. 영어 학원을 다녀오는 첫날 아이에게 '어떤 말을 해줄까?' 고민하고 적어보았다. 그리고 둘째가 좋아하는 간식을 준비하고 학원에서 오기만을 기다렸다. 학원을 다녀온 둘째는 표정이 좋아 보였다. 둘째에게 "학원은 어땠어?"라고 물었다. 둘째는 "선생님도 좋으시고 친구들도 좋아요. 수업도 어렵지 않고 재미있어요."라고 말했다. 속으로 '다행이다'라고 생각하고 둘째와 간식을 먹으며 즐겁게 이야기를 나누었다. 둘째가 "엄마 이제 영어 숙제해야 해요."라고 말하며 영어 숙제를 시작했다. 혼자 끙끙 앓으며 3시간 동안 숙제를 하는 모습을 보고 깜짝 놀랐다. "영어 숙제 처음 해 보니까 힘들지? 엄마도 무엇이든 처음 배우러 가면 그렇게 힘들더라." 둘째가 동그랗게 눈을 뜨고 나를 보았다. "그때 엄마는 어떻게 했어요?"라고 물었다. 그래서 내가 "처음에 힘든데 반복하다 보면 시간도 줄고 힘이 들지 않는 일이 되더라. 그때 포기하면 다음에는 더 힘들더라고. 자전거 탈 때 생각해 봐. 처음에는 자전거를 어떻게 탈지 막막하잖아. 그런데 자전거를 타보고 넘어지고 계속 반복하면 어느 순간 자전거를 잘 타게 되잖아. 그럼 자전거 타는 일은 쉬운 일이잖아. 뭐든지 처음에는 어렵게 느껴지는데 계속해보면 쉬운 일이 되는 거란다. 사람들이 계속 어렵다는 것은 그 일을 시도만 하고 반복해서 꾸준히 하지 않기 때문이야. 우리 딸은 꾸준히 하는 내공이 있잖아. 엄마는 너를 믿어."

그런 둘째는 다음 날에도 영어 숙제를 3시간 동안 했다. 숙제를 다 한 아이는 기쁨에 찬 얼굴로 나에게 와서 숙제를 보여주었다. 나는 둘째에게 "역시, 우리 딸 대단해. 엄마는 네가 스스로 해 낼 거라 믿었어. 최고야!"라고 말했다.

이틀 뒤 영어 학원을 다녀온 둘째는 간식을 먹고 또 숙제를 시작했다. 숙제를 시작한 지 1시간 후, 둘째는 이렇게 말했다.

"엄마 이제 숙제 다 했어요."

"어? 벌써?"

"네. 오늘은 숙제가 좀 적기도 하고 이제 하는 방법을 아니까 좀 더 쉽게 할 수 있어요."

"와~ 우리 현주는 숙제도 스스로 책임감 있게 하고 꾸준히 노력하는 모습이 대견해."

사실 믿음이라는 게 당장 내 눈앞에 성과처럼 보이는 것은 아니다. 하지만 결국 미래를 위해 앞으로 나아가게 하는 힘은 바로 믿음이다. 내가 힘든 일이 생겼을 때 좌절할 때 나를 일어서게 하는 힘이 바로 믿음인 것이다. 나는 이 믿음을 '흔들리지 않는 믿음'이라고 말하고 싶다. 나는 부모님들에게 아이의 가능성을 믿음으로 격려하라고 말씀드린다. 부모의 흔들리지 않는 믿음이 수반될 때 아이는 끝없이 성장하며 빛나는 미래를 위해 도전할 것이다. 마지막으로 세상에서 아이의 무한한 가능성을 믿어주는 단 한 사람이 지금 이 글을 읽고 있는 당신이 되었으면 좋겠다.

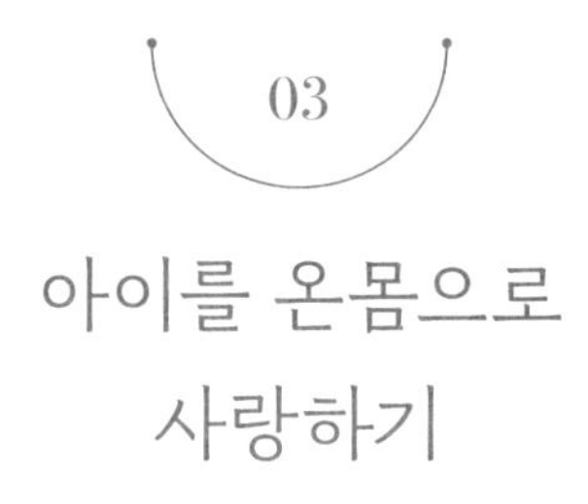

아이를 온몸으로 사랑하기

5학년을 맡을 때였다. 눈웃음이 매력적인 유찬이가 있었다. 눈은 항상 웃고 있었지만 웃는 얼굴과 다르게 아이들과 매일 싸움을 했다. 내가 쉬는 시간에 잠시 화장실 간 사이에 교실에서 비명이 들렸다. 급한 마음에 옷을 대충 입고 교실로 뛰어왔다. 교실에서 들어와 보니 복도 쪽 유리창이 산산이 조각나 있었고 아이들은 겁에 질려 있었다. 나도 소리를 지를 뻔했다. 창문 가까이 있는 아이들을 최대한 멀리 이동시키고 다친 아이가 없는지 확인을 했다. 그리고 난 후 책상을 창문과 멀리 이동시켰다. 누가 그랬냐고 물으니 유찬이었다. 유찬이는 쉬는 시간에 친구들과 놀다가 화가 나서 교실에 있는 둥근 자석을 유리창에 던진 것이다. 다행히 다친 아이는 없었지만, 또 이런 일이 생기면 안 될 것 같아 유찬이를 데리고 나갔다. 유찬이는 눈은 또 웃고 있었다. 그런 유찬이를 보니 나도 너무 화가 났다. 너는 친구들이 다 칠 뻔했는데 웃음이 나오냐고 말하니 유찬이가 “선생님, 화가 나도 웃고 있고 슬퍼도 웃고 있는 제가 너무 싫어요. 제가 잘못했을 때 웃고 있는 제 얼굴을 보면서 어른들이 더 화를 내요. 그래서 억울할 때가 많아요.”라고 말했다. 유찬이의 이야기를 들으니 많은 생각이 들었다. 그리고 나는 유찬이에게 “화가 난다고 물건을 던지는 행동은 정말 잘못되었어. 다른 사람을 다치게 하는 위험한 행동은 절대 해서는 안 돼.”라고 이야기해 주었다.

교실에 오니 남자아이들이 “선생님, 유찬이는 어깨가 좋아요”라고 말했다. 내가 “어깨가 좋다고?”라고 물으니 “네. 야구를 진짜 잘해요. 특히 어깨가 좋아서 공을 잘 던져요.”라고 말했다. 그래서 체육 시간에 운동장에서 아이들과 함께 야구를 했다. 유찬이의 눈빛이 달라졌다. 유찬이가 공을 던지는데 나도 깜짝 놀랐다. 그런 유찬이를 보고 야구 실력이 대단하다며 엄지인 척해주었다. 유찬이가 씩 웃었다. 그래서 내가 “유찬아, 선생님도 유찬이가 던지는 공 한번 쳐보고 싶어.”라고 말하니 알겠다고 했다. 나는 운동을 좋아해서 모든 운동을 웬만큼 하는 편인데 유찬이 공이 너무 빨라서 생각보다 치기가 어려웠다. 매번 헛스윙을 하는 나를 보며 유찬이가 “선생님, 한 번 더 해봐요.” 하면서 나에게 공을 다시 던져줬다. 모든 아이가 “선생님, 할 수 있어요.”라고 하며 나를 응원했다. 나는 배트를 다시 들고 자세를 잡았다. 그리고 유찬이가 던진 공이 배트에 맞은 순간 공은 운동장을 가로질러 저 멀리 날아갔다. 모든 아이가 환호성을 질렀다. 그리고 나는 1루, 2루, 3루를 지나 홈으로 들어왔다. 그리고 모든 아이와 부둥켜안고 기쁨을 만끽했다. 그리고 유찬이에게 말했다.

"유찬아, 너 오늘 정말 최고였어. 공을 잘 던지는 특별한 재능이 있네. 야구하는 모습이 너무 멋져."라고 말했다. 유찬이의 웃는 모습이 햇살에 아래 더 빛이 났다. 그 이후 나는 유찬이와 아침마다 눈을 마주치고 하이파이브 했다.

점심시간에 내가 아이들과 야구를 하다가 넘어져 심하게 다치게 되었다. 넘어진 나를 보자마자 유찬이가 달려와 나를 업고 보건실에 갔다. 보건 선생님께서 보시고 깜짝 놀라신 것이었다. 초조해하고 있는 유찬이를 보며 보건 선생님께서 "선생님이 그렇게 걱정이 되냐면서 담임선생님은 좋으시겠어요."라고 하셨다. 나는 너무 아파서 대답도 못 했다. 유찬이는 보건 선생님이 나에게 약을 바르는 동안 눈을 떼지 않고 쳐다보고 있었다. 그날 이후 유찬이는 다리를 다친 나를 위해 심부름도 도맡아 하고 심지어 의자에 앉으려고 두리번거리면 의자까지 가져와 주었다. 그렇게 나는 사랑이 가득해진 유찬이와 5학년을 행복하게 보냈다.

나는 어렸을 때부터 인형 놀이를 하는 것보다는 밖에서 뛰어노는 걸 좋아했다. 두 살 아래 남동생과 함께 놀다 보니 그렇게 된 것 같다. 나는 팽이치기, 자치기, 구슬치기, 딱지치기부터 축구, 피구, 농구, 배드민턴 등 모든 놀이를 즐겼다. 하루는 비가 억수 같이 오는 날이었는데 동생이 축구를 하고 싶다고 했다. 나도 재미있을 것 같아 그러자고 했다. 부모님이 계셨으면 못했을 텐데 그날 다행히도 부모님께서 계시지 않았다. 그래서 축구공을 들고 밖으로 나갔다. 퍼붓듯이 오던 빗줄기가 조금 잦아졌다. 그래서 남동생과 비를 맞으며 축구를 했다. 비를 맞으며 축구를 하는 것이 생전 처음이었다. 그런데 비를 맞으며 축구를 하는 동안 마치 하늘을 걷는 기분이 들면서 슬로모션처럼 느껴졌다. 그 순간 정말 즐겁다는 생각이 들었다. 그래서 지금도 비가 오는 날이면 동생과 비를 맞으며 축구했던 장면이 떠오른다.

나는 일상에 지루한 게 싫었다. 재미가 없으면 꾸준히 하는 것이 어려웠다. 그렇다 보니 일상의 이벤트를 좋아했던 것 같다. 그래서 한 가지를 진득하게 하기보다는 이것저것 해보며 살아온 것 같다. 이런 성향으로 수업을 할 때도 아이들이 지루하게 가만히 앉아서 수업하는 것이 내가 싫었다. 40분 내내 아이들은 듣고만 있고 나만 이야기하는 강의식 수업을 내가 견디지를 못했다. 그래서 나는 '어떻게 하면 재미있게 수업을 할까?'에 많은 고민을 했다. 수업하고 나서 "선생님과 수업하는 게 정말 재미있어요. 다음 수업이 기대돼요."라고 말할 때면 더없이 기쁘고 행복했다. 그래서 아이들과 수업을 하는 것은 늘 새롭고 재미있었다.

아이를 키울 때도 마찬가지였다. 아이는 내가 놀아줘야 하는 대상이 아니라 나와 노는 대상이었다. 그래서 아이들과 노는 게 정말 재미있었다. 나는 첫째와 어렸을 때는 아침마다 놀이터에서 놀고 총싸움, 칼싸움도 하고 좀 더 컸을 때는 줄넘기, 자전거 타기, 배드민턴까지 내가 다 가르쳐주고 같이 놀았다. 나중에는 내가 첫째 보고 같이 놀자고 애원할 정도였으니까.

얼마 전 저녁을 먹다가 첫째가 나에게 "엄마, 1학년 겨울 방학 때 각자 자전거 타고 같이 도서관 갔다가 핫초코 먹고 왔던 기억나요?"라고 물었다. 그래서 내가 "물론 기억나지. 그때 아빠가 자전거가 타는 거 위험하다고 해서 아빠 몰래 다녀왔잖아."라고 말하니 첫째가 "맞아요. 그때 엄마 자전거 안장 뒤에 보조 의자 달아서 현주까지 앉혀서 데리고 갔잖아요. 그때 현주가 4살이었네요."라고 말하며 나를 쳐다보았다. 그래서 내가 "지금 생각하면 엄마가 어쩌자고 그 추운 겨울에 자전거 타고 1시간이나 걸리는 도서관을 현주까지 데리고 다녀왔나 몰라. 혼자서 씩씩하게 자전거 타고 따라온 형찬이도 대단해."라고 말했다. 첫째가 "엄마, 저는요. 그때 기억을 잊을 수가 없어요. 정말 재미있었어요. 그러니 지금도 엄마와 뭐든 하면 재미있고 즐거워요."라고 말했다. 그래서 내가 "엄마도 그때 너희와 놀면서 얼마나 많이 웃었는지 모른다. 너희가 웃는 모습을 보는 것과 웃음소리가 힐링이었지. 지금도 마찬가지란다."

나는 집에서든 학교에서든 아이들이 떠들고 장난치면서 북적북적하는 속에 들리는 웃음소리가 참 좋다. 그 소리를 따라가다 보면 웃고 있는 아이들 모습에 나도 절로 입꼬리가 올라간다. 그때마다 나는 복이 참 많은 사람이라는 생각이 든다. 집이든 학교에서든 이런 사랑스러운 존재들과 함께 있으니 말이다.

아이들과 뒹굴고 함께 놀 수 있는 시간은 참 짧다. 초등학교쯤 되면 아이들과 놀이는 끝나고 만다. 나는 첫째와 코로나 덕분에 하루 종일 같이 있으면서 초등학교 5학년 때까지 매일 신나게 놀았다. 지금은 첫째가 공부한다고 바빠서 그렇지 틈만 나면 내 옆에 와서 재잘재잘 이야기하며 내 무릎에 머리를 댄다. 아이들과 어렸을 때 놀았던 경험은 서로의 관계가 친근한 느낌이 들도록 한 것 같다. 또한, 아주 자연스럽게 스킨십을 할 수 있는 계기가 되었다는 생각이 든다. 지금도 첫째는 퇴근할 때 나를 인사로 반겨주고 내가 책을 읽고 있으면 옆에 와서 얼굴을 비비고 내가 식사를 준비하고 있으면 뒤에서 나를 안아준다. 둘째는 초등학교 5학년이지만 아빠 팔짱을 먼저 끼고 아빠와 함께 시간을 보내는 것을 즐거워한다. 그래서 주말이면 아빠와 뭐 하고 놀지 계획을 짠다. 그리고 남편은 뽀뽀 귀신이라는 별명이 붙을 정도로 아이들과 뽀뽀하고 스킨십을 한다. 그런 둘째는 눈만 마주치면 시도 때도 없이 나에게 뽀뽀를 해 준다. 그런 우리 집은 거의 무의식적으로 스킨십이 이루어진다.

초등학교 고학년이 되어서 부모님들이 겪는 어려움 중 하나가 아이들과 대화가 안 된다는 것이다. 모처럼 아이들을 이해하고 대화를 시도했다가 도리어 부모님이 상처를 받고 나에게 하소연을 하는 경우가 많다. 평소에 대화하지 않다가 갑자기 대화하려니 부모도 어색하고 아이도 어색해지는 것이다. 부모 자식 관계도 마찬가지이다. 부모가 어렸을 때 아이들과 상호 소통적인 수평적인 관계를 맺지 않고 일방적인 명령과 지시만 이루어지는 수직적인 관계를 맺다 보니 아이들이 크면 그때는 아이가 부모를 거부하는 상황이 된다. 바로 이것이 문제가 아닐까 싶다. 아이들이 어렸을 때 부모의 명령과 지시만으로도 말을 잘 들으니 걱정이 없다가 막상 사춘기가 되면 부모의 말이 통하지 않음을 느낀다. 그때 벽을 느끼고 대화를 시도하려고 하지만 마음같이 대화가 되지 않는다. 사실 이때는 늦었다. 물론 부모님이 무조건 변하겠다는 생각으로 1년이고 2년이고 기한 없이 아이에게 덕을 쌓는다면 그 시간을 되돌릴 수는 있다.

가정에서 격식을 차리고 아이들과 대화를 나누라고 하는 것이 아니다. 가족회의라는 타이틀까지 만들어서 문제를 제기하고 해결책을 모색하라는 것도 아니다. 그냥 일상의 대화를 아이와 자주 나누고 스킨십을 자주 하라는 것이다. 그것의 최적 도구가 놀이라는 말이다. 나는 초등학교 들어오기 전에 아이들과 마음껏 놀고 사랑하는 시간을 많이 가지라고 한다. 그 시간은 시간이 지나면 되돌릴 수도 돌이킬 수도 없기 때문이다.

나는 아이들이 지쳐 보일 때 그냥 꼭 안아준다. 그리고 내가 지쳐 보일 때면 아이들이 나를 꼭 안아준다. 이보다 더 좋은 사랑전달법이 있을까 싶다.

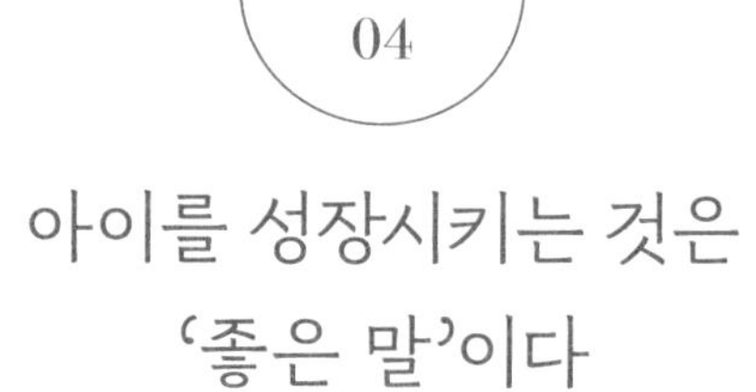

아이를 성장시키는 것은 '좋은 말'이다

친한 지인 가족과 밥을 먹는 날이었다. 지인은 아들이 두 명 있었다. 첫째인 유민이는 배려심이 많고 양보를 잘했다. 그에 반해 둘째인 승민이는 적극적이고 애교가 많았다. 유치원에 다니는 승민이의 학예회 이야기가 나왔다. 승민이의 학예회 영상을 보니 앞에서 율동도 힘차게 하고 자신감도 가득해 보였다. 유치원에 상담하러 갔는데 유치원 원장님이 "승민이는 걱정할 필요가 없어요. 뭐든지 잘해요."라고 말했다고 했다. 그 이야기를 옆에서 들은 유민이가 "엄마, 나는?"이라고 물었다. 유민이의 엄마는 잠시 뜸을 들였다. 유민이는 엄마의 대답이 나올 때까지 지인을 뚫어지라 쳐다보고 있었다. 그 사이 지인은 대답하기까지 시간이 길어졌고 유민의 얼굴은 점점 일그러져 갔다. 그래서 내가 "유민이도 걱정할 일 없지. 자신이 할 일 스스로 잘하고 있으니까 말이야. 그죠? 유민이 엄마."라고 말하기 그제야 유민이 엄마는 "네…. 맞아요. 우리 유민이도 잘해요."라고 대답했다. 그 말을 듣고서야 유민이의 얼굴은 밝아졌다.

식사가 끝난 후, 아이들이 밖에 나간 사이 나는 유민이 엄마에게 "왜 아까 유민이가 묻는 말에 뜸을 들였어요?"라고 물었다.

"어제 유치원에서 간식이 나왔는데 유민이가 못 먹었다고 해서 물어보니 친구가 간식을 가져가서 못 먹었다고 하는 거예요. 그래서 친구에게 간식을 양보해 준 거냐고 물으니 그게 아니고 친구가 빼앗아 갔다고 하는 거예요. 친구가 자신의 것도 빼앗아 가는데 말도 못 하고 오는 아이 때문에 너무나 속상했어요. 그래서 유민이가 "엄마 나는?"이라고 물었을 때 "그래, 유민이도 걱정할 일 없지." 라는 말이 바로 나오지 않았어요."

지인은 자신의 의사도 제대로 말 못 하는 아이를 보면 이 험한 세상에 어떻게 살아가려고 그러는지 걱정이 많이 된다고 했다. 그래서 내가 "그럼 유민이한테 다음번에 어떻게 해야 하는지 알려줬어요?"라고 물으니 그제야 "아니요. 유민이 걱정만 했지 유민이한테 다음에는 어떻게 해야 하는지 알려줄 생각은 못 했네요."라고 말했다.

"유민이도 그런 상황이 처음이라 많이 당황했을 거예요. 어른이야 그 상황에서 어떻게 행동하고 말할지 알지만 그런 상황이 처음인 아이는 모를 수밖에 없죠. 유민이가 엄마한테 속상한 마음을 말해주었으니 유민의 마음을 공감해 주고 다음번에 똑같은 상황이 생겼을 때 어떻게 해야 할지 알려주세요."

중학생인 지인의 아들이 시험을 치고 와서는 "엄마, 시험은 50점만 넘으면 되지? 그럼 모르는 것보다 아는 것이 더 많으니까 잘한 거지?"라고 말했다고 한다. 그 말을 들은 지인은 기가 막혀서 "너 그걸 점수라고 받아왔니? 그렇게 해서 대학이라고 가겠냐면서 요즘 서울대 나와도 취직도 안 돼서 의대로 몰리는 판에 너는 이따위 점수를 받아와서 하는 말이 이거야?"라고 말했다고 했다. 아이는 성적표를 갈기갈기 찢으며 방문을 닫고 나갔다고 한다. 지인은 아이가 하는 짓이 너무 어이가 없어서 따라 나갔다고 했다. 그리고 아이한테 "너 지금 엄마한테 하는 태도가 이게 뭐냐면서 시험 점수 이렇게 받아온 네가 잘했다는 거야. 어디 기껏 키워놓았더니 부모한테 하는 태도가 이것밖에 안 돼. 이렇게 할 거면 나가! 나는 이제 너 같은 자식 못 키우겠다."라고 말했다고 했다. 그렇게 지인의 아들은 집을 나갔다고 했다.

시간은 흐르고 날이 점점 어두워졌지만, 지인의 아들은 집에 들어오지 않았다고 한다. 그제야 지인은 걱정이 되었고 '내가 말이 심했나?'라고 생각하면서도 '내 말이 뭐가 틀려. 다 옳은 말만 했는데 공부 안 한 제 탓이지.'라는 생각이 들었다고 했다. 날이 깜깜해지고 걱정이 된 지인의 남편이 아들에게 전화했고 전화를 계속 해도 아들은 전화를 받지 않았다고 했다. 지인의 남편은 걱정이 되어 아들을 찾으러 밖으로 나가 아파트 곳곳을 돌아다니다 보니 놀이터에 앉아 있는 아들이 보였다고 한다. 지인의 남편이 아들 곁으로 가니 그제야 아들은 지인의 남편을 쳐다보았다고 한다. 그리고 지인의 남편을 보고 울면서 "아빠, 내가 시험도 못 치고 점수도 못 받은 건 인정하는데 나라고 그 점수 받고 기분이 좋았겠어요. 그런데 내 마음을 후벼 파는 말만 하시는 엄마가 너무 미웠어요. 공부도 뭐고 다 때려치우고 싶어요. 어른들은 자신이 하는 말이 다 옳다고만 생각해요. 어른들은 '사실은…' 하면서 우리의 마음에 상처를 주는 거 모르죠? 어른이니까 제발 옳은 말 안 하면 안 되나요? 우리는 아직 자라고 있잖아요." 하면서 고개를 푹 숙였다고 한다.

부모들은 아이가 현실을 직시하고 충격을 좀 받아야 정신을 차린다고 생각하며 아이에게 "이 점수로 대학은 가겠어? 넌 커서 뭐 하고 살래? 좋은 대학 나와도 취업이 어려운 판에 어찌하려고 그래. 도대체 너는 생각이 있니 없니? 내가 너만 보면 걱정이 되어서 잠이 안 온다."라고 아이에게 서슴없이 말한다.

과연 이 말이 맞을까? 사회적으로 봤을 때 옳은 말 아닌가요? 라고 말할 수 있다. 그런데 조금만 주위를 둘러보면 이 말은 아주 작은 한 부분만을 보고 판단해서 하는 말이라는 것을 금방 알 수 있다. 학교를 나오지 않아도 학벌이 좋지 않아도 성공한 사람들은 수도 없이 많다. 그 예로 토머스 에디슨이 있다. 토머스 에디슨의 일화에서 토머스 에디슨 어머니는 학교에서 보낸 편지 한 통을 받았다. 그 편지에는 이렇게 적혀 있었다고 한다.

"귀하의 아들인 토머스 에디슨은 지능이 매우 낮습니다. 우리 학교는 더 그를 가르칠 수 없습니다. 귀하의 아들을 집에서 교육하는 것이 좋겠습니다."

에디슨 어머니는 이 편지 내용을 읽고 에디슨에게 이렇게 전했다고 한다.

"귀하의 아들인 토머스 에디슨은 천재입니다. 이 학교는 그를 가르칠 만큼 아주 훌륭하지 않습니다. 그래서 저희는 그가 천재성을 충분히 발휘할 수 있도록 집에서 교육하는 것이 더 나으리라 생각합니다."

누구의 말이 옳을까? 아이를 격려하고 아이의 잠재력을 믿었던 토머스 에디슨 어머니의 믿음의 말이 에디슨의 성공에 큰 영향을 미쳤다는 생각이 든다. 나는 이 일화를 볼 때마다 부모는 자신의 말에 책임감을 느껴야 한다는 생각이 든다. 그래서 아이에게 말하기 전에 한 번 더 생각하고 말해야 한다. 말에는 힘이 있다. 좋은 말일수록 더 큰 힘을 가진다. 부모는 아이에게 긍정적인 말, 공감의 말, 용기와 희망을 주는 말, 존중의 말, 감사의 말로 일상을 도배했으면 좋겠다.

학부모 상담 주간이 되면 선생님들이 나에게 물어본다.

"선생님, 부모에게 사실을 그대로 말했는데 화를 내세요. 어떻게 해야 해요?"

"선생님이 생각하는 사실이 뭐예요?"

"책상 정리도 안 되고 숙제도 안 해오고 수업 시간에 수업도 듣지 않고 장난만 치고 수업 방해하는 것이요."

내가 웃으면서 이렇게 말했다.

"한 아이가 "선생님은 친절하지 않고 수업도 재미가 없고 공평하게 대하지 않아요."라고 말하면 어때요? 그게 사실일까요? 모든 아이가 그렇게 말하지는 않잖아요? 한 아이 생각이죠? 그럼 우리는 어떤 생각으로 아이를 바라봤을까요? 아이의 좋은 점을 보려고 했을까요? 아이의 문제점만 보려고 하지 않았을까요? 상담할 때 부모님께 아이의 좋은 점도 관찰해서 말씀드려야죠. 내가 좋은 점을 못 찾을 뿐이지 누구에게나 좋은 점이 있잖아요. 그리고 내가 하는 말이 과연 아이의 성장을 위해 도움이 되는 말인지 생각하면 좋겠어요. 우리는 옳은 말이 사실이라고 생각하고 부모님에게 사실 그대로 전달해야 한다고 생각해요. 그리고 좋은 말을 하면 부모에게 잘 보이기 위한 거짓말이라고 생각해요. 그런데 아이들은 미래가 어떻게 펼쳐질지 아무도 몰라요. 그런 아이들을 당장 문제점만 보고 이야기한다면 미래에 그 아이는 얼마나 억울할까요? 그래서 우리는 항상 아이의 발전 가능성을 두고 이야기해야 해요. 부모에게 잘 보이기 위해서 좋은 말을 하라는 것이 아니라 아이는 매일 성장하고 있으며 무한한 가능성이 있는 존재로 여기고 이야기하라는 말이에요. 그리고 성장에 초점을 맞추어서 이야기하려면 옳은 말보다 좋은 말이 나와야겠죠? 결국, 우리는 진실보다 진심이 통해야 아이의 성장에 도움이 된답니다."

친구가 나에게 "너 그렇게 살지 마! 다 너를 위해서 하는 말이야!"라고 이야기를 하면 '맞네! 이렇게 살면 안 되지. 나를 위해 이런 이야기를 해주다니 넌 참 좋은 친구야.'라는 생각이 드나요? 사실 이렇게 말해주는 친구가 좋은 친구가 맞다. 하지만 어른도 참 받아들이기 어려운 건 사실이다.

그럼 우리가 아이들에게 "너 이 험난한 세상에 그렇게 살면 큰 일 나. 다 너를 위해서 하는 말이야."라고 말하면 아이들은 '나를 위해서 하는 말이니까 부모님 말씀 잘 들어야지.'라는 생각이 들까? 이런 말들은 듣고 있으면 반발심만 생긴다. 부모는 자신도 받아들이기 힘든 말은 스스럼없이 아이들에게 한다. 그런 아이들의 마음속에는 '나는 이것밖에 안 돼.'라는 한계만 쌓여갈 뿐이다. 그리고 결국 그 한계는 어른이 되어서도 자신의 굴레에서 벗어나지 못하게 하는 올가미가 된다. 부모는 자라고 있는 아이에게 좋은 말을 많이 들려줬으면 좋겠다. 결국, 아이를 성장하게 하는 것은 비수처럼 가슴에 꽂히는 옳은 말이 아니라 꽃향기처럼 마음에 스며드는 좋은 말이라는 것을 말이다.

05

아이에게 칭찬과 격려를 아끼지 말자

어린 시절, 나는 경쟁에서 이기는 것이 좋은 것으로 생각했다. 내가 늘 상대보다 우위에 있어야 평화로운 관계가 맺어지는 줄 알았다. 하지만 시간이 흐를수록 내가 얼마나 어리석은 생각을 하고 있다는 것을 알게 되었다. 세상 밖으로 나오니 나보다 더 큰 성취를 한 사람이 어마하게 많다는 것을 알게 되었다. 반대의 경우도 있었다. 나보다 더 뛰어나고 멋져 보였던 사람이 한 번의 시련으로 인해 좌절하고 그 자리에 털썩 주저앉는 경우도 허다하게 보았다. 그때 나는 깨달았다. 우리 사회가 만들어 놓은 경쟁은 결국 내 안의 불안과 두려움 질투 같은 부정적인 감정이 만들어낸 허상일 뿐이라는 것을 말이다. 경쟁보다 더 중요한 것은 서로 도우며 서로가 서로에게 기회를 제공하는 동행이다. 그때부터 나는 아이들이 경쟁을 피할 수 없는 우리 사회의 구조적인 부분에서 자신의 존재 가치를 귀하게 여길 힘이 필요하다는 생각이 들었다. 그래서 나는 아이들에게 어렸을 때부터 자신의 존재에 대한 가치를 일깨워줘야겠다고 생각했다. 그럼 자신의 존재에 대한 가치를 어떻게 일깨워줄 수 있을까? 바로, 칭찬과 격려이다.

한때 『칭찬은 고래도 춤추게 한다』라는 책이 유행했었다. 나 또한 그 책을 읽고 칭찬의 힘에 대해 다시 한번 생각하게 되었다. 우리나라 사람들은 칭찬에 인색하다. 그리고 칭찬을 들어도 어떻게 반응해야 할지 난감해한다. 그래서 자신의 아이에 대해 칭찬해도 "저희 아이 안 그래요. 부족한 게 많아요." 하면서 겸손이라는 단어로 아이에게 하는 칭찬을 무색하게 만들어버린다. 어쩜 우리의 잘못만은 아니다. 우리가 어렸을 때만 해도 공부를 잘하면 칭찬해 주었다. 그리고 공부만 잘하면 공부뿐만 아니라 모든 것을 칭찬해 주었다. 그것도 등수와 점수로 말이다.

경쟁이 일상화되어 있는 이 사회에서 행복한 사람은 있을까? 내 주위에 고등학교까지 줄곧 1등을 놓치지 않았던 선생님들이 많다. 그 선생님들에게 1등 해서 행복했냐고 물어보니 하나 같이 1등 못 할까 봐 항상 조마조마했다고 했다. 과연 2등은 행복했을까? 2등을 1등을 못 해서 불행했다고 했다. 그럼 2등 미만 아이들은 어떨까? 결국, 모두가 불행할 수밖에 없는 구조이다. 아이들은 성인이 되기까지 등수와 점수로 평가받고 마치 등수와 점수가 자신의 모든 것 인양 착각하게 만든다. 아이들은 점점 자신의 존재와 가치가 등수와 점수에 밀려가고 있다. 그래서 아이들에게 존재 가치에 대한 칭찬과 격려가 정말 필요하다. 네가 1등 해서가 아니라 그냥 너이기 때문에 가치 있는 사람이라는 것을 부모가 말해줘야 한다. 그래야 자신의 가치를 알고 자존감 높은 사람으로 자랄 수 있다.

우리 학교에는 딴짓거리 교실과 학년별 놀이 활동 교실이 있다. 중간 놀이시간이나 점심시간에 아이들은 딴짓거리 교실에서 많이 논다. 나는 친구와 놀고 싶은 마음은 가득한데 표현하는 것이 서툰 아이들을 위해 창의적 체험활동 시간에 놀이한다. 아이들은 놀이를 정말 좋아하며 그 시간을 기다린다. 나는 놀이시간을 그냥 재미로 끝내지 않는다. 놀이 속에서 아이들이 배움을 얻게 하는 것이 목적이다.

창의적 체험활동 시간에 아이들과 '손바닥 찌르기'라는 놀이 활동을 했다. 아이들을 두 모둠을 나누고 교실 양쪽 벽에 모둠별로 선다. 모두 왼손을 편 상태로 등 뒤에 댄 다음 오른손은 검지를 펴고 찌를 준비한다. 선생님이 신호를 주면 돌진하여 상대편의 손바닥을 찌른다. 손바닥을 찔리면 놀이에서 빠지고 정해지 시간이 지나면 남아 있는 아이들 숫자를 세고 승패를 가르는 놀이다.

'손바닥 찌르기' 놀이는 간단하면서도 아이들이 모두 참여할 수 있고 학년에 상관없이 모두 좋아하는 놀이다. 그래서 나는 매년 아이들과 이 놀이를 한다. 처음에 놀이 활동을 하면 승부욕이 강한 아이들은 규칙보다 자신이 이기는 것에 집중해서 반칙하거나 다른 사람에게 상처 주는 말을 하는 경우가 종종 있다. 그럴 때면 나는 놀이 활동을 멈추고 아이들과 이야기를 나눈다.

"놀이 안에서 나는 자신의 즐거움만을 위해 놀이를 했는지 상대에게 즐거움을 주었는지 괴로움을 주었는지 떠올려 봅시다."

그럼 아이들은 곰곰이 생각하기 시작한다. 그리고 놀이의 고수에 관해 이야기해 준다. "자신의 즐거움만을 위해 놀이에 참여하는 사람은 놀이의 하수이고 상대방을 배려하고 상대방에게 즐거움까지 주면서 놀이에 참여하는 사람은 놀이의 고수라고 해요. 내가 즐겁기 위해서 가장 먼저 '다른 사람이 즐거운가?', '다른 사람을 배려하고 있는가?'를 늘 생각해봐야 해요."라고 말한다. 그리고 아이들에게 "놀이도 친구가 없으면 할 수 있나요?"라고 물어보면 아이들은 모두 고개를 가로젓는다. "친구가 있어야 놀이도 할 수 있고 즐거울 수 있죠?"라고 말하면 아이들은 모두 고개를 끄덕인다. 그다음부터는 모든 아이가 놀이에 졌다고 친구를 탓하며 화를 내거나 친구에게 상처 주는 말을 하지 않고 친구를 배려하고 즐겁게 참여한다. 경기가 끝나고 나면 다 같이 서로에게 "함께 해줘서 고마워."라고 격려를 해주고 즐겁게 놀이에 참여한 자신에게도 칭찬해 준다. 그럼 아이들은 스스로 규칙을 지키고 칭찬까지 받는 자신을 아주 자랑스럽게 여긴다.

놀이 활동시간이 끝나고 시간이 조금 남아 아이들에게 자유 시간을 주었다. 다양하게 놀이를 즐기는 아이들의 모습을 관찰할 수 있었다. 찬영이가 나에게 와서 "선생님, 저 물구나무서기 할 수 있어요."라고 말하며 물구나무서기 하는 모습을 보여주었다. 나는 손뼉을 치면서 "와"라고 환호해 주었다. 그 후 아이들은 저마다 나에게 "선생님, 저는 다리 찢기를 할 수 있어요.", "선생님, 저는 눈 감고 다리 올리고 오래 있을 수 있어요."라고 말하며 자신이 잘하는 것을 보여주기 시작했다. 그때마다 나는 손뼉을 치면서 "와"라고 환호해 주었다. 그때 수줍음이 많은 혜민이가 갑자기 "선생님, 저도 다리 찢기를 할 수 있어요." 하고 나에게 말하는 것이 아닌가? 다른 사람 앞에 나와서 말하는 것을 수줍어하던 혜민이가 다리를 쭉 찢는 데 나를 보면서 '선생님, 저 어때요? 저 잘하죠?' 하는 눈빛에 나도 모르게 "와! 우리 혜민이 다리 찢기 진짜 잘한다."라고 말하니 혜민이는 자신감 찬 눈빛으로 나를 보았다. 칭찬과 격려는 내가 의도하건 의도하지 않았건 아이들에게 좋은 영향을 미친다는 것은 확실하다.

나는 선생님들에게 "가장 중요하게 생각하시는 교육적 가치 한 가지를 뽑으라고 하면 무엇인가요?"라고 여쭤보았다. 선생님들께서 존중, 예의, 공감, 배움, 사랑, 감사, 협동, 나눔 등 다양하게 이야기하셨다. 그리고 선생님 한 분이 나에게 "선생님이 가장 중요하게 생각하시는 교육적 가치가 뭐예요?"라고 물어보셨다. 나는 학교에 아이들에게 칭찬과 격려를 하러 온다고 했다. 선생님께서 "왜 그렇게 생각하세요?"라고 물으셨다. 그래서 내가 "목표 이끄는 것이 동기부여라고 생각해요. 그런 동기부여는 아이들의 배움과 성장을 위한 마중물 역할을 하면서도 일상에서 일어나는 모든 일에 영향을 미친다고 생각해요. 그래서 저는 칭찬과 격려를 제일 중요하게 여겨요." 다른 선생님께서 "선생님, 그런데 칭찬의 역효과도 있잖아요. 칭찬도 제대로 해야 아이에게 도움이 된다고 하던데 저는 그 말이 무슨 말인지 모르겠어요."라고 물어보셨다. 그래서 내가 이렇게 대답했다.

"우리가 독서를 할 때 많은 책을 읽는 것이 독서를 제대로 하는 걸까요? 한 권을 읽어도 푹 빠져서 즐거움을 얻으며 책을 읽는 것이 독서를 제대로 하는 걸까요? 아이들에게 일정한 시간 동안 책을 읽으라고 하고 잘 읽는 사람에게 선물을 준다고 하면 두 부류의 아이들로 나뉘어요. 그림책을 여러 권 읽고 책 개수만을 채워서 읽는 아이, 자신이 좋아하는 책 한 권을 푹 빠져서 읽는 아이 우리가 어디에 초점을 맞추고 칭찬하고 격려하느냐에 따라 아이들의 행동이 달라져요. 독서의 목표는 무엇일까요? 초등 독서의 목표는 책 읽는 즐거움이라고 생각해요. 공부를 잘한 사람 중에 책을 많이 읽은 사람도 있지만 거의 읽지 않는 사람도 많아요. 그래서 책을 읽으면 공부를 잘한다는 공식은 성립되지 않아요. 다만, 책을 읽으면 지식이 쌓이고 사유를 통해 생각이 넓어지고 책 속에 다양한 상황과 마주 보며 다른 사람을 이해할 수 있는 마음의 넓이가 넓어지고 간접 경험을 통해 상상의 힘을 이끌기도 해요. 그런 부분은 시험에서 드러나는 결과가 아니라 삶 속에서 내가 살아가는데 지혜가 되는 힘이라고 생각해요. 그럼 초등학교 때 우리가 아이의 독서 즐거움을 알기 위해서 책 권수에 방점을 찍고 칭찬을 하지 않으면 되겠죠? 결국, 칭찬도 결과만을 보고 평가하는 것이 아니라 결과를 이끈 노력도 함께 말해 줄 때 내적인 힘을 이끌 수 있어요. 물론, 새로운 행동을 습득하거나 습관을 들일 때는 행동의 결과에 대한 즉각적인 칭찬이 아이의 성취동기를 더욱 올릴 수 있는 것은 맞지만요."

매년 아이들에게 듣고 싶은 말을 적어서 개시해 보면 항상 1위는 "와! 잘한다. 최고야!"이다. 아이들은 이 말을 제일 듣고 싶어 한다. 그냥 보면 결과 즉 평가 중심의 칭찬이다. 그럼 이 칭찬을 하면 안 되는 걸까? 그럼 살면서 칭찬하는 것이 어려워 한 번도 못 듣게 되는 불상사가 일어날 수 있다. 이 얼마나 안타까운 일인가? 인간의 행복조건 중 유능감이 있다. 이 유능감은 우리가 "와~ 너 정말 잘한다. 어쩜 이렇게 잘해."라고 했을 때 느껴지는 것이다. 어른도

"잘한다. 최고야."라는 말을 들으면 기분이 얼마나 좋은가? 그리고 조금 더 아이의 성장을 이끌고 싶다면 과정의 노력에 대한 칭찬도 함께 해주자. 아이가 변화하는 한순간을 뽑으라고 하면 지속해서 칭찬과 격려를 했을 때이다. 결국, 내가 칭찬과 격려를 하게 된 순간 내 눈앞에 아이가 변하기 시작한다. 오늘부터 아이에게 칭찬과 격려를 아끼지 말고 호주머니에 넣어두고 마구마구 사용하자!

아이의 인생을 위한 가장 큰 선물은 '좋은 질문'이다

우리 부모님 세대만 해도 공부를 잘해서 좋은 대학에 가고 좋은 직장을 구해서 평생 살아갈 수 있는 시대였다. 대학을 나오면 대부분 취업할 수 있었고, 취업해서 부장을 달 때쯤이면 자가도 있고 자식도 어느 정도 자라서 안정적으로 살아갈 수 있었다. 그러나 이제는 그런 시대는 지나갔다. 우리 흔히 말하는 좋은 대학을 나와도 취업을 못 하는 경우도 생기고 취업을 하더라도 노후에 무엇을 하고 살지 고민을 해야 하는 시대가 왔다. 그래서 지금 자식한테 올인하면 노후를 걱정하며 살게 된다며 자신의 노후도 챙기라는 말이 유행처럼 번지고 있다.

세계 여러 나라는 이미 미래 사회를 주도적으로 살아가는 데 필요한 핵심 역량을 제시하고 있다. 미래 사회가 요구하는 핵심 역량

중에서도 특히 중요하게 여겨지는 4가지 C, 즉 "4C"는 비판적 사고 (Critical Thinking), 창의성 (Creativity), 협업 (Collaboration), 의사소통 (Communication)이다.

비판적 사고는 문제를 논리적으로 분석하고 평가하며, 정보의 신뢰성과 정확성을 판단하는 능력이다. 비판적 사고력을 갖춘 사람은 복잡한 문제에 체계적으로 접근하고 다양한 관점에서 문제를 검토하여 최선의 해결책을 도출할 수 있다. 창의성은 새로운 아이디어를 생성하고, 독창적인 해결책을 찾는 능력이다. 창의적인 사람은 기존의 틀에 얽매이지 않고 다양한 접근 방식을 시도하며, 혁신적인 해결책을 개발할 수 있다. 협업은 다른 사람들과 효과적으로 협력하여 공동의 목표를 달성하는 능력이다. 협업 능력이 뛰어난 사람은 팀원들과 원활하게 소통하고, 각자의 강점을 활용하여 최상의 결과를 끌어낼 수 있다. 의사소통은 자기 생각과 아이디어를 명확하게 표현하고, 다른 사람의 의견을 경청하는 능력이다. 효과적인 의사소통 능력은 다양한 상황에서 성공적인 상호작용을 가능하게 한다.

이 4가지 역량이 성공적인 삶을 위한 역량이라고 정의한다. 현재 대한민국도 세계와 발맞추어 나가기 위해서 학생 개개인의 잠재력을 최대한 발휘하고, 미래 사회에 필요한 역량을 기를 수 있도록 돕는 데 목적을 둔 고교학점제가 도입되었다. 이제는 기존의 획일적인 교육 시스템에서 길러지는 학생들은 사회에 나와 자신의 역량을 발휘하더라도 사회가 요구하는 역량이 아닐 수 있다는 것이다. 이 4가지 역량을 잡는 도구가 필요해졌다. 그것이 바로 '질문'이다.

인간은 본래 태어날 때부터 궁금한 것도 많고 호기심도 많으며 질문 던지기를 좋아하는 본성을 지닌 존재이다. 하지만 자라날수록 새롭게 생겨나는 호기심들은 여러 가지 부정적인 형태로 막히게 된다. 그러다 보니 어느새 질문을 던지는 것이 부정적 경험을 꺼내는 일이 되어 버리고 만다. 또한, 누군가 던진 질문에 답은 하지만 자기 스스로가 질문을 던져 배움의 길을 열어 갈 기회를 제대로 얻지 못한다. 그래서 누군가에게 질문하는 것이 점점 두렵고 하고 싶지 않은 일이 된다.

우리는 질문을 통해 단순히 정보를 얻는 것이 아니라, 그 정보를 분석하고 비판적으로 검토를 한다. 즉, 논리적 사고 능력을 키우는 데 매우 중요한 역할을 한다. 질문은 혼자 공부하는 것보다 그룹으로 토론하고 대화하는 것이 효과적이다. 학습자들은 서로 질문을 주고받으며 자기 생각을 표현하고, 다른 사람의 의견을 듣고 반박하면서 더 깊은 이해에 도달하게 된다. 또한, 질문은 학습이 끝나지 않는 과정으로 여겨진다. 따라서 새로운 질문이 항상 생겨나고, 이전에 배운 내용을 계속해서 재검토하고 새로운 시각에서 바라보며 계속 학습이 이루어지게 한다. 학습자들이 단순히 지식을 습득하는 것을 넘어서, 그 지식을 활용하고 응용하며, 새로운 통찰을 얻을 수 있도록 돕는다.

질문의 장점은 비판적 사고력 향상, 깊이 있는 이해, 적극적 참여 유도, 창의성 증진, 협력적 학습 강화, 지속적인 학습, 자아 성찰 및 자기 이해, 공감과 이해 증진, 정보의 검증과 신뢰성 향상 등이 있다. 이와 같은 장점들을 보면 질문이 왜 미래 사회 중요한 4가지 역량을 잡는 데 필요한 도구인지 알 수 있다.

학부모 공개 수업으로 '용기'를 주제로 수업을 했다. '용기 모자'라는 그림책을 읽어주고 자신이 두려워하는 것과 이유를 적어보았다. 그리고 돌아가면서 전체 발표를 했다. 아이들은 "발표가 두려워요.", "수영이 두려워요.", "개가 두려워요." 등 자신이 두려워하는 것과 이유를 이야기했다. 중간쯤 발표를 했을 때 호준이가 "엄마가 두려워요. 왜냐하면, 잔소리를 많이 하기 때문입니다."라고 이야기를 했다. 학부모님들이 일제히 호준이 어머니를 바라보았고 호준이 어머니는 얼굴이 빨개진 채로 어쩔 줄 몰라 하셨다. 그런데 뒤를 이어서 발표하는 아이 중 몇 명이 "엄마가 두려워요. 아빠가 두려워요."라고 이야기를 했고 내가 생각지도 못한 발표에 나도 당황했다. 아이들이 두려워하는 것과 이유를 쓸 동안 부모님도 적어달라고 부탁드렸다. 아이들이 발표를 끝내고 부모님이 적어주신 것을 다 같이 읽어보았다. 한 부모님께서 "저는 규민이의 질문이 두렵습니다. 왜냐하면, 제가 모르는 것을 계속 물어보기 때문입니다."라고 적혀 있었다. 이 말을 듣자마자 부모님들께서 일제히 웃으셨다. 공개 수업이 끝나고 규민이가 나에게 왔다.

"선생님, 제가 엄마한테 질문하는 게 두려운 일인가요? 저는 엄마가 그렇게 이야기해서 아주 속상했어요."

"엄마가 규민이가 질문하는 게 두렵다고 말씀하셔서 속상했구나."

"네. 저는 궁금한 게 너무 많은데 그럼 궁금한 것을 누구한테 물어봐요?"

"음…. 선생님께 물어봐도 되고 책에서 찾아봐도 되고 인터넷에서 검색해서 찾아볼 수 있지."

"와~ 제가 왜 인터넷 검색도 가능하다는 걸 몰랐을까요?"

규민이는 쉬는 시간에도 책에서 눈을 떼지 않는다. 아침 독서 시간이 끝나 종이 울려 책을 정리하러 갈 때도 책을 읽으면서 갈 정도이다. 그런 규민이는 책이 정말 재미있다고 했다. 그래서 책을 읽다 보면 궁금한 것이 많이 생기는데 그때마다 엄마한테 물어봤다고 한다. 어머니께서도 처음에는 대답을 다 해 주었는데 아이가 크니 자신도 모르는 어려운 질문을 해서 어떤 때는 식은땀이 흐른다고 하셨다.

하브루타 질문 수업 연수에서 쉽게 할 수 있는 질문 놀이를 배웠다. 가장 쉬운 질문 놀이는 '까봐놀이'였다. '까봐놀이'의 방법은 정말 간단했다. 상대방이 하는 말을 그대로 받아서 맨 끝 문장만 바꾸면 된다. 예를 들어 "학교에 왔습니다."를 "학교에서 왔습니까?" 한 마디로 평서문을 '까'를 붙여서 의문문으로 바꾸면 된다. 학교에서 두 명이 짝을 지어 '까봐놀이'를 했다.

A: "학교에 왔습니다."

B: "학교에 왔습니까? 가방을 메고 왔습니다."

A: "가방을 메고 왔습니까? 아침에 독서를 했습니다."

나는 가정에서 아이들과 책을 읽을 때 읽고 있는 책의 평서문 문장을 의문문으로 1분 동안 누가 많이 만드는지 미션을 준다. 그러면 아이들이 더욱 집중하며 지루해하지 않고 즐겁게 질문을 만들 수 있다.

질문의 넓이를 더할 수 있는 질문 놀이는 '까만 놀이'였다. '까만'은 '까 만들기'의 줄임말로써 질문을 계속 만드는 것을 뜻한다. 아이들에게 '교실'을 주제로 계속 질문을 만들어 보라고 했다.

"교실에 책상이 몇 개입니까?", "교실에 어떤 물건이 있습니까?", "교실에서 무엇을 합니까?", "교실은 왜 네모 모양일까?", "교실에 있는 학생은 행복할까?"

질문의 깊이를 더할 수 있는 질문 놀이는 '까주놀이'였다. '까주'는 '까 주고받기' 줄임말로 질문을 주고 질문을 받는 것을 뜻한다. 주제에 맞게 질문을 각자 3~5개씩 만들고 짝 중 한 사람이 먼저 인터뷰하는 방식으로 질문을 제시하는 것이다. 주제가 내가 즐겨하는 여가라면 A학생이 만든 질문에 B학생이 답을 하는 형태이다.

아이들에게 3가지 질문 놀잇법을 가르쳐주고 연습한 후 백희나 작가님의 『알사탕』 그림책을 읽고 아이들과 '질문 놀이'를 했다.

"주인공의 이름은 뭘까?", "동동이는 알사탕을 어디에서 샀을까?", "동동이 엄마는 어디 갔을까?", "구슬이는 하품을 왜 할까?", "동동이 아빠는 잔소리를 몇 번 했을까?", "분홍색 알사탕은 어떤 효과가 있을까?", "친구와 같이 노는 방법은 무엇일까?"

그림책 한 권에 질문이 끝없이 나왔다. 자신이 만든 질문을 도화지에 적은 다음 돌아가면서 서로 질문을 하고 대답을 하는 시간을 가졌다. 그림책을 들을 때는 상대방 이야기에 집중하고 질문을 만들 때는 고민하고 대답을 할 때는 생각하게 된다. 이렇게 질문을 만들고 대답하는 연습을 하다 보면 생각하는 힘이 길러진다.

나는 어려운 일이나 결정에 직면했을 때 나에게 질문을 많이 했었다. 나에게 질문을 던지기 시작하면서 나는 빠르게 성장하기 시작했고 삶이 한순간에 바뀌었다. 웨인 다이어 박사가 마지막으로 세상에 남기고 간 그의 책 『우리는 모두 죽는다는 것을 기억하라』 만나면서 왜 내 삶이 바뀌었는지 알게 되었다. 나는 좋은 질문을 찾았기 때문이다. 좋은 질문은 답이 아니라 현명함을 준다. 현재 내가 서 있는 곳을 환기하고 올바른 곳으로 향하게 함을 북돋는다. 이런 좋은 질문은 많은 정보가 쏟아지고 무엇이 진위인지 알 수 없는 미래의 삶을 살아가는 아이에게 빛과 같은 역할을 해 줄 것이다. 부모가 물려줘야 하는 것은 유산이 아니라 삶의 매 순간 좋은 질문을 이끄는 생각하는 힘이다.

07

미래 사회 아이에게 창조력이 필요하다

우리나라는 세계에서 '열심히'라는 말을 가장 많이 쓰는 나라다. 지금까지 근면, 성실로 우리나라가 여기까지 온 것은 자명하다. 그리고 지금의 70대 부모님 세대까지는 그 말이 통했다. 열심히만 하면 삼시 세끼 걱정 없고, 집 걱정 없고, 자식 걱정 없이 살 수 있었다. 하지만 이제는 '열심히 해야 성공하지.', '열심히 안 해서 그런 거야.', '더 열심히 했어야지.' 과연 열심히만 하면 걱정 없이 살 수 있을까?

세계경제포럼(WEF)의 "The Future of Jobs Report 2023"에서는 2023년부터 2027년까지 약 8,300만 개의 일자리가 사라지고 약 6,900만 개의 일자리가 창출될 것으로 예상했다. 결과적으로 1,400만여 개의 일자리가 감소할 것으로 예측했다. 또한, 2016년 초등학교에 입학한 전 세계 어린이의 65%는 현재까지 존재하지 않았던 새로운 형태의 직업을 가질 것으로 전망했다.

유발 하라리의 견해에 따르면, 전통적인 학교 교육에서 40대 이후에 필요하지 않게 되는 특정 내용이 존재할 수 있다고 했다. 이제 단순히 지식을 외워 써먹던 시대는 지났고 전문 기술자가 설 자리도 점점 좁아져 간다. 스마트폰으로 검색하면 모든 정보와 지식이 나오고 웬만한 기술은 기계가 대체하는 세상이 온 것이다. 10년 후, 지금으로서는 상상도 할 수 없는 전혀 새로운 세상이 펼쳐질 것이다. 그렇다면 미래에는 어떤 사람이 세상을 움직이고 바꾸는 인재가 될까? 근면, 성실, 노력은 기본이고 여기에 바로 기계나 인공지능(AI)이 대체할 수 없는 능력, 지식에 플러스알파를 할 수 있는 '창조력'을 더한 사람이다. 창조의 기본은 생각이다. 자신의 독창적인 생각과 방법으로 세상에 큰 영향을 미친 인물에는 레오나르도 다 빈치 (Leonardo da Vinci), 토머스 에디슨 (Thomas Edison), 알베르트 아인슈타인 (Albert Einstein), 스티브 잡스 (Steve Jobs), 니콜라 테슬라 (Nikola Tesla), 프리다 칼로 (Frida Kahlo), 마리 퀴리 (Marie Curie), 파블로 피카소 (Pablo Picasso) 등이 있다. 이런 사람들을 떠 올리면 마치 창조력이 무에서 유를 창조하는 신과 같은 능력처럼 느껴진다. 그러나 창조력은 아주 대단한 것이 아니라 스스로 생각하면 길러지는 것이다. 여기까지 읽으면 이런 생각이 들 것이다.

'부모가 창조력까지 길러줘야 해?'

인생의 기본은 결국 생각이다. 생각이 '나 자신'이라고 해도 과언이 아니다. 스스로 생각하지 못하는 사람에게 항상 따라다니는 3가지 괴물이 있다. 바로 불만, 불평, 불안이다. 이 3가지 괴물은 과거를 불만스럽게 여기고 현재를 불평하며 미래를 불안해하게 만든다. 시험을 치기 위해 교과서를 달달 외우고 그 교과서 지문에서 답을 찾아야 하고 정해진 답과 정확히 일치하지 않으면 틀렸다고 하는 이런 교육 방식에서는 생각하는 공부가 이루어질 수 없다. 스스로 생각하지 못하는 사람은 생각의 감옥에 갇힐 수밖에 없다. 그런 상황에서 항상 느끼는 것은 두려움이다. 두려움은 생각하고 행동하면 사라지는 나약한 존재임에도 불구하고 우리는 생각하지 않아 두려움에 끌려다닌다.

부모 교육하러 갔는데 한 어머니께서 나에게 영어교육에 대해 질문을 하셨다.

"강사님, 요즘은 30개월이 되면 영어를 해야 한다고 하던데요. 제 주위에 6살인데 영어를 엄청나게 잘하는 아이가 있거든요. 그래서 그 부모가 무조건 30개월부터 영어 학원에 데리고 가서 영어를 해야 한다고 말하는데 꼭 해야 하는 거 맞나요?"

"저의 강의를 들으셨으면 조금만 생각해 보면 아실 것 같은데요."

"사실 아이가 30개월인데 영어 학원 등록해야 하나 말아야 하나 고민하고 있었는데 강사님 강의를 듣고 나니 안 하는 게 맞는다고 생각이 들어서요. 그런데 지금 안 해서 나중에 후회하면 어떡하지? 하는 생각이 들었어요. 그래서 강사님의 확답을 듣고 싶어요."

"모든 선택은 부모의 몫은 맞아요. 그런데 진짜 본인의 마음을 잘 생각해 보세요. 어쩜 후회보다 우리 아이가 뒤처질까 봐 두려운 게 아닐까요? 영어 배우러 가는 시간에 아이와 놀고 한글책 읽는 즐거움을 가르쳐주세요."

어머니는 이내 만족스러운 얼굴로 연신 감사하다고 하면서 가셨다.

모든 교육 마케팅의 기본은 '부모를 두렵게 하는 것'에서 시작한다.

"다른 집 다 하는데…. 지금이 적기예요. 지금 안 하면 나중에 후회해요."

조금만 생각해 보면 모든 교육 마케팅에 의도를 알 수 있다. 부모의 불안을 조장해서 이익을 창출하는 것이다. 광고만 해당하는 것도 아니다. SNS뿐만 아니라 학원 심지어 옆집 엄마 말도 될 수 있다는 것이다. 이때 내가 생각하는 힘이 없으면 휘둘리기 시작하고 걱정하기 시작한다. 내가 불안하고 걱정이 올라오면 차분히 앉아서 꼭 생각하는 시간을 가졌으면 좋겠다. 그럼 현명한 생각이 문득 떠오를 것이다. 이것 또한 육아의 창조력이다.

둘째를 재우고 10시가 되면 독서한다. 한 문장으로 1시간 동안 생각한 적이 수없이 많다. 그렇게 덩그렇게 의자에 앉아 있는 나를 남편이 보고 처음에는 뭐하냐고 물었다. 그래서 내가 생각한다고 말하면 씩 웃고 나간다. 그렇게 생각하고 나면 남편에게 가서 내가 한 생각에 대해서 남편과 대화한다. 그리고 남편에게 당신은 어떻게 생각하느냐고 묻는다. 그럼, 남편이 자기 생각을 이야기해 준다. 그렇게 서로의 생각을 주고받는다.

하루는 남편이 나에게 이렇게 말했다.

"당신과 이야기를 자주 하다 보니 내 생각이 선명해지고 내 생각이 선명해지니 인간관계도 단순해지고 삶도 단순해져서 고민이 없네요."

창조적인 아이로 키우고 싶다면, 부모가 먼저 스스로 생각하는 힘이 있어야 한다. 이것을 '자기 사고력' 이라 한다. 이는 개인이 외부의 영향이나 타인의 의견에 의존하지 않고 자신의 사고와 판단을 통해 결론을 내리는 것을 말한다. 즉, 내 삶에 내가 주인공이 되는 것이다. 내 삶의 주인공이 되기 위해서는 스스로 생각하고 스스로 행동하고 스스로 문제를 해결할 힘이 있어야 한다.

'자기 사고력'을 기르는 데는 다양한 방법이 있다. 그 첫 번째가 '독서'이다. 다양한 분야의 책을 읽으며 여러 가지 관점에 지식을 접하는 것은 사고가 폭을 넓히는 데 도움을 준다. 두 번째는 '질문하기'이다. 주어진 정보나 상황에 '왜?', '어떻게?'라는 질문을 던지며 깊이 있는 사고를 유도한다. 세 번째는 '토론과 대화'이다. 다른 사람들과의 토론이나 대화를 통해 자기 생각을 표현하고, 다른 사람의 의견을 듣고, 이를 통해 새로운 시각을 얻을 수 있다. 네 번째는 '일기 쓰기' 이다. 하루 동안 경험한 일이나 생각을 알기에 기록하면서 자기 성찰의 시간을 갖는 것은 사고를 정리하고 발전시키는 데 유용하다. 다섯 번째는 '문제 해결 연습'이다. 일상생활에서 직면하는 문제를 스스로 해결하려고 노력하며, 이를 통해 문제 해결 능력을 키울 수 있다.

'자기 사고력'을 기르기 위해서는 가정에서도 충분히 할 수 있는 부분이 많다. 아이들과 독서를 하고 책 속에서 질문을 만들어 보고 인물의 상황에 대해 서로 "왜 그렇게 했을까?", "나라면 어떻게 했을까?" 질문하고 답해보는 것이다. 그리고 주어진 장면 중에 하나를 선택해서 서로의 의견도 나누어보고 오늘 한 대화를 가지고 글까지 적어 보면 금상첨화라는 생각이 들었다. 이런 시간이 바탕이 되어야 창조력이 길러진다.

나는 아이들과 매년 발명 수업을 한다. 나는 제일 먼저 아이들에게 스마트폰을 보여주면서 "스마트폰을 처음 개발한 사람은 이걸 만들면서 어떤 생각을 했을까?"라고 물어본다. 그리고 "스마트폰을 왜 만들었을까?", "내가 스마트폰을 만든 사람이라면?", "내가 새로운 스마트폰을 출시해서 만든다면 어떤 스마트폰을 만들고 싶나요?"라고 다양한 질문을 하면서 아이들이 상상 속에 머물게 한다. 그런 아이들은 내가 생각지도 못한 놀라운 대답을 한다. 아이들은 이미 스티브 잡스와 스티브 워즈니악이 되어있었다.

이제는 스마트폰 없이는 아무것도 할 수 없는 세상이 왔다. 아니, 스마트폰만 있으면 모든 것이 가능해졌다. 이런 스마트폰을 아이들에게 못 하게만 할 게 아니다. 나는 스마트폰을 주도적으로 활용할 수 있어야 한다고 생각한다. 예전에 나도 스마트폰을 전화하고 문자를 보내는 곳에만 썼다. 그리고 스마트폰을 시간 잡아먹는 괴물이라고 생각했다. 학교라는 틀을 깨고 또 다른 사회로 나와 보니 스마트폰이 시간을 벌어주는 선물이 되었다. 은행에 가는 시간을 아껴주고, 내가 필요한 정보를 알려주고, 배달도 시켜주고, 심지어 출판계약도 스마트폰으로 한다. 일정 관리, 동영상 편집, 디자인, PPT까지 모든 것이 스마트폰으로 해결이 된다. 그런데 스마트폰을 못 하게만 한다는 것은 시대착오적인 생각이다. 중요한 것은 스마트폰을 내가 소비자로서 소비하는 데 쓸 것이냐, 내가 생산자로서 생산하는 데 쓸 것이냐 하는 주도성에 따라 스마트폰이 괴물이 될 수도 있고 선물이 될 수 있다는 것이다. 조절력을 담당하는 뇌가 다 자라지 못한 아이들은 스마트폰 관리가 필요하다. 주로 게임, 동영상 등 시간을 소비하는 데 쓰기 때문이다. 그래서 스마트폰 사용 시간 조절이 필요하다. 전자칠판에다 디지털 교과서가 들어오고 패드로 수업하는 아이들이다. 편리함을 위한 도구들이 우후죽순으로 발명되고 있다. 내가 손가락만 움직이면 모든 정보를 얻을 수 있는 시대일수록 아이들에게 중요한 것은 그 위에 올라설 수 있는 창조력이다.

#

4 장

부모와 아이 모두 변화를 이끄는 긍정 행동 육아

01

가장 중요한 것 부모의 긍정적인 마음가짐

수업 시간이 시작되면 지아는 잠을 자기 시작한다. 앞머리를 앞으로 늘어뜨리며 마치 아무도 자기가 자는 것을 몰랐으면 하는 것처럼 말이다. 그런 지아를 보고 화장실에 가서 세수하고 오라고 했다. 지아는 귀찮은 듯이 화장실로 갔다. 10분이 지나도 지아가 오지 않아 나가보니 복도에서 서성이고 있었다. 그래서 교실에 와서 수업하자고 하니 그제야 지아는 교실로 들어왔다. 교실로 들어온 지아는 의자에 앉자마자 다시 앞머리를 커튼처럼 늘어뜨리고 자기 시작했다. 앞에서 수업하는 나로서는 참 속상했다. 그렇게 지아는 계속 수업 시간 내내 잠만 잤다.

수업 마치고 지아 어머니께 전화를 드렸다. 어머니께서는 자기도 포기했다며 그냥 놓아두라고 하셨다. 늦게까지 휴대전화 하다가 겨우 일어나서 학교 간다면서 학교 가는 것만으로도 다행이라고 하셨다. 그냥 그렇게 6학년을 보내게 해 주시라면서 저희 아이한테 관심 안 쓰셔도 된다고 하셨다. 어머니의 말씀 속에서 '선생님이 어떻게 하셔도 변하지 않을 거예요. 애쓰지 말고 그냥 포기하세요.'라고 말씀하시는 것 같았다.

지아가 유일하게 눈을 뜨고 있는 시간이 미술 시간이었다. 하루는 미술 시간에 수채화 그림 그리기를 했다. 나는 지아의 그림을 보고 감탄이 절로 났다. 지아의 그림에서 순수함과 위대함 경이로움이 느껴졌기 때문이다. 그런 지아의 그림을 보면서 이렇게 말했다.

"지아야, 너의 그림이 정말 위대하다. 선생님은 너의 그림을 보는 순간 반짝이는 아이디어가 떠올라. 사람에게 영감을 줄 수 있는 그림을 그리는 네가 대단하다. 선생님은 너의 그림을 평생 볼 수 있었으면 좋겠어."

그 말을 들은 지아는 앞머리를 거두고 나를 쳐다보았다. 나를 똑바로 그렇게 오래 쳐다보는 것은 처음이었다. 그리고 지아가 싱긋 웃었다. 쉬는 시간에 지아를 불러 이야기를 나누었다. 왜 학교에서 자느냐고 하니까 다른 과목은 무슨 말인지 못 알아듣겠다고 했다. 본인도 안 자고 들으려고 해도 저절로 잠이 온다며 머리를 긁적였다. 그리고 집에 가서 그림을 그리다 보며 어느새 자정 훌쩍 넘은 시간이 되어있다며 엄마는 휴대전화 하다가 자는 줄 아신다고 했다. "선생님에게 네가 그린 그림 보여 줄 수 있어?"라고 말하니 내일 가져와서 보여주겠다고 했다. 지아는 그림 그리는 시간이 가장 좋다며 그림을 그리고 있으면 행복하다고 했다.

다음날, 지아에게 비주얼 싱킹에 관해 이야기해 주면서 수업 시간에 들은 내용을 그림으로 나타내보라고 했다. 그 말을 듣는 순간 지아는 "네. 선생님 정말 좋아요. 그림으로 표현하는 것이라면 저 뭐든 할 수 있어요."라고 말했다. 그리고 지아에게 "휴대전화 알람 맞춰놓고 12시가 되면 자는 게 어떻겠냐고 그럼 학교에서 잠이 덜 올 텐데… 그럼 수업 시간에도 그림을 그릴 수 있잖아."라고 말하니 알겠다고 이야기했다. 그런 지아는 다음 날부터 수업 시간에 자지 않았다. 수업 시간마다 배운 내용을 그림으로 표현한 것을 나에게 보여주기 바빴기 때문이다. 학기 말, 지아는 자신의 특기를 잘 살릴 수 있는 중학교로 진학하기 위해 전학을 간다고 했다. 전학 가는 날, 나는 지아에게 "지아야, 너의 그림에는 특별함이 있어. 너의 특별한 그림을 갤러리 전에서 자주 볼 수 있었으면 좋겠어."라고 말했다. 그 말을 들은 지아는 "선생님, 덕분에 제가 좋아하는 것 하고 살게 되었어요. 감사합니다."라고 말했다.

지아를 데리러 오신 어머니께서 "선생님 덕분에 지아가 6학년 잘 보낼 수 있었어요. 저도 포기했는데 선생님을 보면서 아이를 어떤 마음가짐으로 보냐에 따라 아이가 달라진다는 것을 알 수 있었어요. 저도 지아가 자신의 특기를 살리며 행복하게 살 수 있을 거라는 확신이 들었어요. 선생님 정말 감사드려요."

지인 중에 20년 넘게 학원을 운영하신 분이 있다. 간혹 운동하다가 부상으로 운동을 포기하고 학업으로 전향을 하는 아이들이 있다고 한다. 그래서 공부를 하겠다고 학원에 와서 평가를 해보면 수학 점수가 20~30점이 나온다고 한다. 그 점수를 보면서 지인도 난감했다고 했다. 도대체 어디서부터 어떻게 가르쳐야 할지 말이다. 그런데 아이의 의지가 너무 강해서 학원을 그만두라고 할 수가 없었다고 했다. 아이는 아침 일찍 와서 학원이 끝날 때까지 공부하고 간다고 했다. 처음 중간고사를 쳤을 때는 점수가 거의 오르지 않았다고 한다. 하도 기본이 안 되어있으니 그 기본을 채우는데 시간이 아주 많이 걸렸다고 한다. 다행히 아이가 운동해서 그런지 기본적인 생활습관과 끈기, 지구력 그리고 체력이 뒷받침되어서 지인이 하라는 대로 해내더라는 것이었다. 그렇게 기말고사를 치고 아이가 60점을 받아왔다고 한다. 아이는 뛸 듯이 기뻐했다고 한다. 지인도 너무나 기뻤다고 했다. 그 아이는 점수가 오르니 공부에 즐거움을 느끼고 더 열심히 하기 시작했다고 한다. 심지어 선생님보다 일찍 나와 문을 열고 혼자 공부를 했다고 한다. 그렇게 겨울 방학이 지나고 다음 해 1학기 중간고사를 쳤는데 90점을 받은 것이다. 지인은 믿을 수가 없었다고 한다. 그전에는 20점 받는 아이가 90점을 받을 수 있을 거라는 생각조차 못 했다고 했다. 그런데 이 아이를 보면서 지금까지 자신이 해오던 생각의 틀이 깨지는 순간이었다고 했다. '내가 할 수 있다고 마음가짐을 바꾸니 해내는 아이가 되는구나.'라는 생각이 들었다고 했다. 그렇게 마음가짐이 바뀌니 이 전에 한 번도 일어나지 않았던 일들이 일어나기 시작했다고 한다. 바로 낮은 점수를 받았던 아이들 중에 급격하게 성장하는 아이들이 하나둘씩 나타나기 시작했고 시간이 지나니 기하급수적으로 늘어났다고 했다. 그때 지인은 깨달았다고 한다. 자신이 할 수 있다는 긍정적인 마음가짐을 가지고 아이를 바라보면 아이도 그만큼 자란다는 것을 말이다.

책 쓰기 모임에서 만나 지인은 웃는 모습이 너무나 아름다웠다. 대화하다가 부부 이야기가 나왔다. 사실 본인은 남편과 사이가 좋지 않았는데 2주 전부터 남편과 사이가 급격히 좋아졌다고 했다. 어떻게 해서 좋아졌냐고 물으니 처음에는 남편이 사사건건 자신이 하려는 일뿐만 아니라 자신의 이루고자 하는 일에 방해하는 것 같이 느껴졌다고 했다. 그래서 내가 '왜 결혼을 했나?'라는 생각이 들었다고 했다. 그리고 자신이 남편보다 더 나은 사람이라고 생각했고 남편은 자신보다 못하다는 생각을 항상 했었다고 했다. 자신은 하고 싶은 것도 많고 이루고 싶은 것도 많은데 아무것도 하지 않는 남편이 무능력해 보였다고…. 그래서 지인은 지인대로 남편은 남편대로 쇼윈도 부부처럼 살았다고 했다.

지인은 자신이 책을 쓰게 되면서 자신을 삶을 쭉 되돌아보게 되었다고 한다. 자신의 삶을 되돌아보는 순간, 남편을 이해하게 되었고 남편이 자신보다 더 마음의 그릇이 크고 한 차원 높은 사람이라는 것을 알게 되었다고 한다. 그래서 먼저 남편과 대화를 시도하게 되었고, 자신의 생각을 이야기했다고 한다. 그 후 남편과 사이가 좋아졌는데 서서히 좋아지는 게 아니고 한순간이었다고 한다. 남편을 바라보는 마음가짐이 긍정적으로 변하니 남편이 마치 다른 사람처럼 느껴졌다고 했다. 지인이 웃으며 사실 남편은 이전과 달라진 것이 하나도 없다고. 단지, 내가 남편을 바라보는 마음가짐만 변했을 뿐인데 관계가 이렇게 달라지는 것이 신기하다고 했다. 그리고 부부 사이가 좋아지니 아이 또한 얼굴이 밝아졌다고 하면서 가족 모두 행복해졌다고 말씀하셨다.

요즘 학교에서는 스마트폰 과의존에 대한 교육을 많이 한다. 아이들에게 스마트폰 보다가 잠들어서 스마트폰이 얼굴에 떨어진 적 없냐고 하니까 아이들이 "선생님, 그런 적 많아요."라고 하면서 맞장구를 쳤다. 공감으로 분위기를 말랑말랑하게 한 다음 아이들과 스마트폰 과의존에 대해 설문을 해보았다. 그중 3명이 스마트폰 과의존이었고 상담이 필요하다고 했다. 그래서 스마트폰을 어디에 얼마나 사용하느냐고 물으니 학교 마치고 가면 온종일 게임을 한다고 했다. 그리고 잘 때도 스마트폰을 보지 않으면 잠이 안 온다고 했다. 상담이 필요할 것 같아 동의를 구하기 위해 어머니께 전화를 드렸다.

"선생님, 저희 아이 스마트폰 중독이에요. 온종일 게임만 해요. 정말 스마트폰을 부숴 버릴 수도 없고 하지 말라고 말해도 귓등으로도 안 들어요. 어떻게 해야 할까요? 너무 속상해요."

"어머니, 혹시 아이가 집에서 스마트폰 말고 할 수 있는 것이 있을까요? 가족과 보드게임을 한다든지 운동을 같이해본 적 있으세요?"라고 여쭤보니 어머니께서 머뭇거리셨다. 어머니께서 "선생님, 6학년인데 그런 거 아이랑 해야 해요. 저는 아이와 대화도 잘 안 해요."라고 말씀하셨다. 그래서 내가 "아이가 게임에 매달리는 것은 게임에서는 레벨이 올라가면 성취감도 느끼고 나에게 잘한다고 칭찬도 해주고 내가 레벨이 높으면 나를 우러러보는 사람도 있기 때문이에요. 일상생활에서 나와 공감대 형성을 해주는 사람도 없고 칭찬해 주는 사람도 없고 나를 존중해 주는 사람도 없으니 아이가 빠질 수 있는 것은 게임밖에 없겠죠. 아이가 게임 말고 즐겁게 할 수 있는 여가를 함께 해 보셨으면 좋겠어요. 같이 맛있는 것도 먹으러 가고 자전거도 타보고 영화도 보러 가고 게임만 한다고 아이를 탓하지 마시고 아이가 즐겁게 할 수 있는 것이 무엇일까? 생각해 보시면 답이 보이실 겁니다. 미래를 보시고 마음가짐을 넓게 가지시면 아이의 문제가 금방 풀릴 수도 있어요."라고 말씀드렸다.

수많은 아이를 보면서 내가 느꼈던 한 가지는 부모가 마음가짐을 긍정적으로 바꾸는 순간 아이도 달라 보인다는 것이다. 부모가 "재는 저렇게 잠만 자서 커서 뭐가 되겠어.", "재는 아무리 해도 안 되네.", "재는 매일 게임만 하는데 무슨 공부를 하겠어."라고 마음먹는 순간 아이들은 딱 그 모습대로 자란다. 그런 아이들의 모습은 부모가 만드는 것이다. 아이들은 무한한 가능성을 지니고 있으며 매일 성장하고 있다. 부모는 그 성장의 결과가 보이는 순간이 아이마다 다르다는 것을 알고 기다려줄 수 있는 긍정적인 마음가짐을 가져야 한다. 나는 모든 아이는 대단하고 위대하다고 생각한다. 그런 아이를 키우시는 부모님 또한 대단하고 존경스럽다는 생각을 한다. 그래서 아이들뿐만 아니라 부모님들도 귀하게 여긴다. 나 또한 긍정적인 마음가짐을 유지하기 위해 매일 컴퓨터 앞에 붙여 놓은 글귀를 읽는다.

"나는 모든 아이를 존중한다. 나는 모든 부모를 존경한다."

아이와 함께 만드는 가이드라인은 강력하다

학년 초, 내가 학년 상관없이 가장 먼저 하는 것이 바로 아이들과 함께 학급 규칙을 만드는 것이다. 초임 때는 학년 초에 지켜야 할 규칙을 내가 만들어서 제시했다. 처음에는 아이들이 규칙을 지키는 것처럼 보였지만 그 규칙에는 지속성이 없었다. 특히 학년이 높아질수록 아이들은 내가 제시한 규칙을 지킬 생각조차 하지 않았다. 그래서 나는 아이들에게 "만든 규칙을 왜 지키지 않느냐고. 왜 이렇게 책임감이 없냐."는 볼멘소리만 할 수밖에 없었다. 나는 그 해 학급 속에서 점점 더 어려움을 겪게 되었다.

그때 처음으로 '왜 아이들이 규칙을 지키지 않을까?' 하고 나에게 물어보았다. 나는 계속적인 질문에 대한 물음을 통해 알게 되었다. 아이들의 동의 없이 만든 규칙은 아이들조차 그 필요성을 느끼지 못하고 그냥 따라 하는 것에 불과하다는 것을 말이다. 그래서 지속성이 없었던 것이다.

가정에서도 마찬가지이다. 부모라면 아이에게 해야 하는 일과 하지 말아야 할 일을 가르쳐야 한다. 하지만 부모가 일방적으로 제시하는 건 '이건 무조건 해야 해.'라는 강압이 들어있다. 아이는 하고 싶은데 부모는 하지 말라고 하면 갈등이 일어날 수밖에 없다. 아이가 어렸을 때는 부모가 하라는 대로 하는 것처럼 보이지만 초등학교 3학년만 되어도 아이들은 부모의 말에 "왜요?"라는 말을 붙이며 자신의 의견을 이야기하기 시작한다. 그때부터 부모는 '자신의 아이가 사춘기가 왔나?' 하는 생각을 한다. 사춘기가 아니라 자연스러운 발달 과정이다.

부모가 아이한테 해야 할 일과 하지 말아야 할 일을 가르쳐 줄 때 원칙이 있어야 한다. 나는 이 원칙을 '가이드라인'이라고 한다. 가이드라인은 가정의 구성원들의 자발성과 동의에 의해 만들어진다. 우리 흔히 말하는 부모가 정해주는 고정된 규칙과는 다르다. 가이드라인은 아이들의 함께 만들고 동의를 구한다. 그리고 만들어진 가이드라인을 기준으로 끊임없이 반복하고, 스스로 되돌아보고, 행동을 고치게 하고, 연습하게 하는 것이다. 이런 과정을 통해서 가정에서 어떻게 행동해야 하는지 스스로 알게 되고 또 피드백을 통해 학교뿐만 아니라 사회에서도 탁월한 인재가 된다. 가이드라인을 통해 부모는 일관성 있게 행동할 수 있고, 아이는 자신이 무슨 행동을 해야 하는지 정확히 알 수 있다.

그럼 가이드라인을 어떻게 정해야 할까? 나는 가이드라인을 정할 때 가족회의를 했다. 아이가 말귀만 알아들을 정도만 되면 가이드라인이 정해지는 과정에 함께했다. 아이들이 어렸을 때는 처음 가이드라인의 기초는 나와 남편이 함께 만들었다. 그리고 아이들 동의를 구했다. 하지만 초등학교 들어가서는 아이들 스스로 가이드라인을 만들고 나와 남편의 동의를 구했다. 그리고 함께 만든 가이드라인을 개시해 놓고 함께 지켰다. 가이드라인을 만들면 아이들과 언성 높일 일 없다. 일단 아이도 내가 만들었으니 지키고자 하는 마음이 강하다. 그리고 지키지 못했을 때도 따로 잔소리할 필요가 없다. 가이드라인만 다시 읽어보면 되기 때문이다. 가정에서든 학교에서든 가이드라인을 기준으로 이야기를 하니 아이들 또한 불만이 없다.

학교에서 부모님에 대해 아이들과 이야기를 하다 보면 첫째든 둘째든 모두 불만이 많다. 첫째는 "네가 형이니까 동생한테 양보해."라는 말이 정말 듣기 싫다고 했다. 둘째는 "동생이 형 말 들어야지."라는 말이 정말 듣기 싫다고 했다. 이야기하다 보면 엄마에게 불만의 화살이 돌아간다. 그때부터 아이들은 나에게 와서 "선생님, 저희 엄마는요. 맨날 형 편만 들어요.", "선생님, 저희 엄마는요. 맨날 동생만 예뻐해요." 아이들이 갈등이 생겼을 때 부모가 해야 하는 것은 판단이 아니라 경청이다. 어떤 일이 있었는지 아이들의 이야기를 각자 들어봐야 한다. 학교에서도 아이들이 갈등이 일어났을 때 각자의 이야기를 들어보면 모두의 말에 일리가 있다. 각자의 말을 들어보는 것은 서로의 상황을 이해하고 해결책을 찾는 실마리가 된다. 그 후 아이들에게 "우리가 사이좋게 잘 지내기 위해 어떻게 하면 좋을까?" 하고 물어보면 아이들은 귀신같이 해결책을 제시한다. 내가 무릎을 칠 때가 한두 번이 아니다. 어리다고 지혜롭지 못한 것이 아니란 말이다.

모든 의사소통의 기본은 경청이다. 가이드라인을 만들 때, 가족회의 할 때, 갈등 해결을 위해 대화를 나눌 때 이 모든 상황에서 경청을 배우게 된다. 그런 경청하는 태도는 상대방에 대한 배려와 존중의 태도로 나아갈 수 있다.

하루는 둘째가 마라탕이 먹고 싶다고 했다. 남편과 나는 마라탕이 먹고 싶지 않으니 다른 걸 먹자고 했다. 그러니 둘째가 그럼 오빠랑 둘이 먹고 와도 되냐고 물었다. 그래서 그럼 그렇게 하라고 했다. 그럼 아빠 카드 들고 가서 사 먹고 와도 되냐고 물어서 알겠다고 했다. 아이들을 보내고 나서 '카드 한도를 정해줬어야 했나.' 라는 생각이 스쳤다. 아이들은 걸어서 마라탕을 먹으러 갔고 20분이 지나니 남편 핸드폰으로 결재 명세서가 들어왔다. 둘이 마라탕집에서 4만 원을 넘게 쓴 것이다. 그때 아차 싶었다. '미리 같이 이야기를 나누어야 했는데….' 그리고 요즘 아이들에게 카드를 쥐여 주고 후회하는 부모들의 이야기가 생각났다. 가이드라인이 필요하다는 생각에 남편과 이야기를 나누었다.

"여보, 이참에 아이들에게 경제 개념을 심어주는 게 좋겠어요. 사회에 나가면 일을 해야 돈을 벌 수 있으니 아이들에게 일해서 돈을 벌 수 있는 경험을 하게 했으면 해요. 스스로 벌지 않고 쓰는 행위보다 더 무서운 건 돈을 대하는 태도라는 생각이 들어요."

"어떻게 했으면 좋겠어요?"

"나는 집안일을 해서 아이들이 스스로 용돈을 벌게 했으면 좋겠어요."

"좋은 생각이에요. 집안일 목록과 금액이 필요할 것 같네요."

"집안일은 나 스스로 해야 할 일, 가족 모두를 위한 일, 꼭 했으면 하는 일로 구분해서 만들어요. 이 정도 가이드라인을 만들었으니 나머지는 저녁 먹고 가족회의를 통해 결정해요."

"이참에 아이들이 경제 개념을 배울 좋은 기회네요."

저녁을 먹고 아이들과 이야기를 나누었다. 신용카드 결제에 관해 물어보니 마라탕을 각자 하나씩 시키고 꿔바로우와 음료를 사 먹었다고 했다. 꿔바로우는 둘째가 예전부터 먹어 보고 싶어 며칠 전에 아빠한테 이야기했을 때 사 먹어도 된다고 하셨다고 했다. 그렇게 먹으니 4만 원이 넘게 나왔다고 했다. 그런데 너무 많이 시켜서 다 먹지 못했고, 배가 너무 불러서 운동까지 하고 왔다고 했다. 다음부터는 먹을 만큼만 시켜야겠다고 이야기했다. 그리고 아이들과 용돈에 관한 이야기와 집안일을 통해 스스로 돈을 벌어서 용돈으로 쓰자고 했다. 첫째가 "엄마, 이참에 잘 되었어요. 저도 그런 게 조금 필요한 것 같다는 생각을 했어요. 경제 개념도 배우고 돈의 소중함도 배울 기회가 되겠네요."라며 긍정적으로 이야기를 했다. 아이들과 집안일 목록과 금액을 정하고 체크리스트를 만들었다. 서로 동의를 구하고 가족회의를 마쳤다. 다음 날 아이들이 스스로 이부자리를 정리하고 아침 계획을 쓰고 방 청소를 하고 신발 정리를 한 후 나에게 사진을 찍어서 보냈다. 스스로 열심히 하는 아이들을 보며 '늦을 때란 없구나! 언제든 시작하고 실천하면 되는구나.' 하는 생각이 들었다.

가이드라인을 만들 때 부모님이 유념해야 할 한 가지가 있다. 가이드라인을 만든다고 해서 한 번에 지켜질 거라는 생각을 버려야 한다. 시행착오가 있기 마련이라는 생각을 하면 마음이 편하다. 학교에서도 아이들과 같이 학급 가이드라인을 정한다. 20명이 함께 정한 가이드라인을 한 번에 잘 지키는 아이도 있고 연습이 많이 필요한 아이도 있다. 가이드라인을 지키는 것이 익숙하지 않은 아이들은 가이드라인을 지켜야겠다는 마음보다 자신이 원하는 대로 하고 싶은 마음이 강하다. 그래서 한 번에 잘 지키는 아이들에게 "가이드라인을 지키는 너는 대단한 사람이야. 덕분에 교실이 행복해지고 있어. 고마워."라고 격려해 준다. 가이드라인을 지키는 것을 어려워하는 아이들에게는 계속 가이드라인을 설명해 주고 어제보다 조금이라도 나아졌다면 "어제보다 성장했네. 대단하다. 내일은 더 좋아질 거야."라고 격려해 준다. 가정에서 가장 중요한 것은 아이들이 긍정적인 행동을 할 때 가이드라인을 활용한 적극적인 격려다.

"오늘 스스로 이부자리를 정리했네. 대견해."
"오늘 가족을 위해 신발 정리를 했네. 고마워."
"오늘 자신이 해야 할 일을 계획을 세워 열심히 했네. 멋지다."

아이들과 함께 정한 가이드라인은 처음에는 시간도 오래 걸리고 더디게 느껴지지만, 시간이 흐를수록 강력해진다. 그 강력함은 평생 서로를 편안하게 만든다.

03

평생 가는 좋은 습관 루틴을 만들어라

초임 시절, 아침에 출근하면 아이들이 교과서를 챙기기는커녕 교실을 돌아다니고 장난을 치며 놀고 있었다. 매번 아이들에게 아침에 해야 할 일을 말해줘도 다음 날이면 언제 그랬냐는 듯이 똑같이 교실을 돌아다니고 장난을 치며 놀고 있었다. 하루는 아침에 교감 선생님께 연락이 왔다. 옆 반 선생님께서 교통사고가 나셔서 옆 반을 잠시 들여다봐달라고 부탁하셨다. 그래서 옆 반에 가 보니 아이들이 스스로 교과서를 챙기고 앉아서 책을 읽고 있었다. 선생님이 없어도 아침 활동을 스스로 하는 모습에 감탄이 절로 나왔다. 그때 나는 '어떻게 하면 아이들이 선생님이 없어도 스스로 할 수 있지?'라는 궁금증이 들었다. 다행히 옆 반 선생님께서 다치시지는 않으셔서 사고 처리만 하고 1교시 후 출근을 하셨다. 그래서 옆 반 선생님께 아이들이 선생님이 없어도 스스로 정말 잘하더라면서 비법을 여쭈어보았다. 그때 선생님께서 3월 첫날부터 루틴을 만들어서 아이들이 스스로 지킬 수 있게 도움을 주셨다고 하셨다. 그 후 나도 아이들에게 제시할 루틴을 만들었다. 처음 루틴을 만들었을 때는 이것도 지켜야 할 것 같고, 저것도 지켜야 할 것 같은 생각에 루틴을 너무 많이 넣어서 나조차 관리가 되지 않았다. 루틴은 제시해 놓고 제대로 관리를 하지 못하니 만든 루틴이 무용지물이었다. 그래서 그다음 해 좀 더 간단하게 루틴을 만들었다. 내 딴에는 꼭 필요한 것만 넣었다고 생각했는데 꼭 필요한 루틴인데 빠트린 경우도 있었다. 그렇게 시행착오를 겪으며 아이들이 지켜야 하고 반복해야 할 것들을 토대로 나만의 학급 루틴을 만들었다. 아이들이 꼭 지켜야 하는 일상적인 일과로는 등교 후 숙제나 안내장 제출하기, 시간표 보고 교과서 챙기기, 아침 활동 시작종이 치면 책 읽기, 수업이 끝나면 교과서 정리하기, 1교시 마치고 나면 우유 먹고 정리하기 등이 있다. 3월 초가 되면 내가 아이들에게 루틴을 제시하고 왜 지켜야 하는지 말해준다. 그리고 3월 한 달 동안 지속적이고 반복적으로 지도한다. 아이들이 지키지 못했을 경우, 야단을 치는 대신에 "지금 무엇을 해야 할까?", "그다음 무엇을 해야 할까?" 질문을 통해 스스로 행동을 수정하도록 이끈다. 3월에 루틴이 자리 잡는 데 노력을 기울이면 아이들은 습관이 되고 습관은 저절로 아이들을 움직이게 했다.

루틴이 자리를 잡으면 다음 활동이 무엇인지 알기 때문에 안정감을 느낄 수 있게 되며 자신감이 생기게 된다. 특히 문제 행동을 하는 학생들에게 도움이 많이 되었다. 그리고 매일 진행되는 과제가 더 잘 수행되므로 해서 아이들이 스스로 성취감을 느낄 수 있었다. 그 성취감은 아이들 스스로 더 노력하게 했다. 그리고 잔소리할 일이 없어지니 서로 마음 상할 일도 없어지며 잔소리 대신 격려로 교실이 가득 찼다. 그런 교실은 행복과 기쁨으로 가득 찰 수밖에 없지 않을까?

나는 학급 운영으로 루틴의 중요성을 느끼며 반복적인 루틴은 좋은 습관을 만든다는 것을 알게 되었다. 그래서 나는 첫째가 태어날 때부터 루틴을 만들어서 좋은 습관 만들기에 공을 들였다. 첫째가 태어났을 때는 하루 일과표를 만들어서 아이가 일어나는 시간, 마사지해 주는 시간, 젖 먹는 시간, 놀이시간, 낮잠 자는 시간, 목욕하는 시간, 잠자는 시간 등을 루틴으로 만들었다. 처음에는 루틴대로 꼭 지켜야 한다는 생각에 힘이 들었다. 그래서 생각을 바꾸었다. 루틴을 시간의 틀에 넣기보다는 순서대로 자연스럽게 해 나가는 데 초점을 두었다. 루틴이 중심이 아니라 아이를 중심으로 일상을 이끌어 나갔다. 정해진 루틴 대로만 하는 것이 아니라 아이를 관찰하면서 루틴도 조금씩 수정되어 갔다. 아이가 어린이집에 가게 되었을 때 환경이 달라지니 새로운 루틴이 필요하다는 생각이

들었다. 그래서 첫째와 같이 루틴을 만들었다.

맞벌이면 아침에 출근도 해야 하고 아침밥도 챙겨야 하고 아이도 챙겨야 하는 바쁜 상황에서 아이가 세월아 네월아 하는 모습을 보면 짜증이 날 수 있다. 그래서 아침에 아이에게 짜증을 내고 출근을 하면 온종일 마음이 편하지 않은 경우가 있었을 것이다. 이런 경우 '스스로 좀 알아서 하지.'가 아니라 '스스로 할 수 있을 때까지 이끌어줘야지.'라는 생각으로 해야 한다. 루틴을 만들어 반복해서 좋은 습관을 들이기까지는 21일이 걸린다. 그래서 부모가 아이가 기관에 가기 전에 미리 루틴을 만들고 좋은 습관을 들이는 것을 꼭 했으면 좋겠다.

처음에 아이가 루틴 만드는 것을 어려워하면 부모님이 만들어 제시해도 좋다. 제시한 루틴을 토대로 아이와 상의해서 루틴을 완성하면 아이는 스스로 만들었다고 생각하고 더 잘 지키려고 노력한다. 자신의 말에 대한 책임을 지는 것이다.

나는 아이들의 루틴만 만들어서 너희는 루틴대로 해야 한다고 하지 않았다. 아이들의 루틴 옆에 나의 루틴도 적었다. 일상에 쫓기다 보면 아이들 안아주고 사랑한다고 말해주는 것을 잊어버릴 때가 있다. 그래서 아이들의 루틴 옆에 사랑한다고 말하기, 안아주기, 책 읽어주기, 감사 나누기 등을 적어서 나도 같이 실천했다. 아침에 일어나면 우리 가족은 감사의 말로 일상을 시작한다. 그리고

아침 루틴	오후 루틴	저녁 루틴
감사의 인사	인사	저녁 먹기
이불 개기	가방 제자리 두기	이 닦기, 세수하기
아침 먹기	안내장 바구니에 넣어두기	잠옷 갈아입기
먹은 그릇 싱크대 넣기	손 씻기, 간식 먹기	입은 옷 빨래통에 넣기
이 닦기, 세수하기	숙제하기	책 읽기
옷 입기, 양말 신기	신나게 놀기	감사 나누기
머리 빗기		안아주기
긍정 확언 및 인사		사랑의 인사
나가기		잠자기

이부자리 정리는 하고 각자 아침 활동을 한 후 같이 아침을 먹는다. 학교에 가기 전에 같이 "나는 무엇이든 할 수 있다.", "나는 매일 행복하다.", "나는 소중하고 특별하다.", "나는 내가 나여서 좋다.", "나는 매일 성장한다." 등 긍정 확언을 외치고 서로 인사를 한다.

아이가 루틴을 잘 따르지 못한다면 그림카드를 이용하는 것이 도움이 된다. 아이들은 시각적인 것에 훨씬 더 반응을 잘하기 때문이다. 아이가 직접 하는 모습을 찍어서 그림카드로 만들어 붙여 놓으면 더 효과가 크다. 자신이 잘한 모습을 보면 더 따라 하고 싶기 때문이다. 루틴이 좋은 습관으로 자리 잡을 때까지는 점검을 해주는 것이 좋다. 아이가 부족한 부분을 말하기보다는 잘하는 것을 칭찬해 준다는 생각으로 점검해야 한다. 점검이라는 의미가 지적되어서는 안 된다. 나도 학교에서 점검해 줄 때 잘하는 것을 말해주고 칭찬을 해 준다. 부족한 부분만을 말해주는 건 좋은 습관을 들이는데 별 효과가 없다. 의욕만 떨어뜨릴 뿐이다.

루틴에서 가장 중요한 것은 반복이다. 반복으로 통해 습관을 형성하고 유지하는데 중요한 역할을 한다. 그래서 지속적인 연습이 필요하다. 그런 지속적인 연습의 하나로 '3R'이 있다.

1) Reminder (알림) : 행동을 시작하게 하는 신호 또는 자극.
예) 가정에 오면 루틴을 보고 실천 준비를 하는 것
2) Routine (루틴) : 실제로 수행하는 행동이나 습관 자체.
예) 안내장을 바구니에 넣고 손을 씻고 간식을 먹은 후 숙제를 하는 것
3) Reward (보상) : 습관을 수행한 후에 얻는 긍정적인 결과나 기쁨.
예) 뿌듯함, 성취감 또는 부모님의 칭찬, 토큰(스티커, 점수, 별표)

이 세 가지 요소를 잘 활용하면 새로운 습관을 효과적으로 형성하고 유지할 수 있다.

나는 아침에 아이들과 감사와 긍정 확언으로 시작한다. 그리고 자기 전에 책을 읽어주고 감사를 나누며 이불을 덮어주고 사랑의 인사를 한다. 루틴에 깊은 의미가 더해지면 '리츄얼'이 된다. 밥 먹고 양치하고 세수하는 것은 해야 하는 일처럼 느껴지지만 엄마와 함께하는 책 읽으며 온기를 느끼는 시간, 감사를 나누며 기분 좋아지는 시간, 이불을 덮어주며 사랑말을 전해주는 시간은 아이가 기다려지는 시간이 된다. 아이는 리츄얼을 통해 심리적 안정과 정서적 만족까지 얻게 된다.

침대에 앉아서 둘째에게 책을 읽어주는데 둘째가 이렇게 말했다.

"엄마, 저는 엄마와 함께 있는 이 시간이 하루 중 가장 행복해요."

그 말을 듣는 순간, '서로의 사랑과 관심을 확인하는 시간이 꼭 필요하구나.' 하는 생각이 들었다. 아니, 꼭 필요하다.

아이가 매번 늦게 일어나서, 아이가 매번 숙제를 안 해서, 아이가 매번 정리 정돈을 안 해서 아이의 나쁜 습관이 왜 들었을까? 습관은 좋은 습관과 나쁜 습관이 있다. 일상에서 생활하다 보면 저절로 습관이 들게 마련이다. 결국, 내가 어떤 습관을 선택하느냐에 따라 달려있다. 나는 아이들에게 좋은 습관 나쁜 습관을 중 하나는 습관이 된다면 우리는 어떤 습관을 선택해야 할까? 라고 물어보면 아이들은 "좋은 습관이요."라고 말한다. "그럼 지금 내가 어떻게 행동해야 할까?"라고 묻는 순간 아이들은 자세를 바르게 고쳐 앉으며 모두 나를 쳐다보고 경청한다. 좋은 습관은 루틴을 꾸준히 실천할 때 만들어진다. 지금도 늦지 않았다. 아이들과 함께 일상의 루틴을 만들어서 평생 좋은 습관을 선물해 주자. 그럼 평온한 일상이 펼쳐질 것이다.

바로 선 아이가 위대하다

아침이면 첫째에게 "저녁에 뭐 먹고 싶어?"라고 물어보면 "엄마 편한 거로 해주세요. 저는 엄마가 해 주는 건 다 맛있어요."라고 말한다. 그런 첫째 옆에 둘째는 "엄마는 왜 오빠한테만 물어보고 저는 안 물어봐요?"라고 말하며 자신의 먹고 싶은 저녁 메뉴를 줄줄이 말한다. 이럴 때면 가끔 첫째가 안 되었다는 생각이 들곤 한다. 나도 맏이로 첫째가 어떤 마음으로 그렇게 말하는지 너무나 잘 알기 때문이다.

둘째 처지에서 보면 첫째가 부모의 절대적인 신뢰를 받는 것처럼 보이지만, 바로 그 신뢰의 무게 때문에 어릴 때부터 자신이 하고 싶은 것뿐만 아니라 하고 싶은 말조차 억누르면 자라지 않는가. 어렸을 때는 동생에게 양보해야 한다는 의무감 그리고 나이가 들면 늙어가는 부모까지 보살펴야 하는 책임감까지. 어쩜 어렸을 때부터 모범이 되어야 한다는 부모의 말이 맏이의 양쪽 어깨를 짓누르고 있는지 모른다.

첫째가 1학년 때였다. 첫째는 하교 후 놀이터에서 매일 놀았다. 그 당시 육아 휴직을 한 나는 여느 때와 다름없이 첫째가 놀이터에서 친구들과 놀고 있을 때 엄마들과 커피를 마시며 수다를 떨고 있었다. 그때 지나가던 엄마가 "형찬이 엄마, 저기 싸우고 있는 아이가 형찬이 아니에요?"라고 말했다. 그래서 고개를 들어 미끄럼틀을 위를 보니 첫째가 훈이의 멱살을 잡고 있었고 훈이는 버둥버둥하고 있었다. 첫째는 보통 때는 아주 유순한 아이처럼 있다가 친구가 자신의 기준에 올바르지 않은 행동이나 말을 하면 참지를 않았다. 그날도 훈이가 별명을 계속 불러서 하지 말라고 몇 번이나 말했는데 계속 놀리면서 도망 갔다고 한다. 화가 난 첫째는 도망가는 훈이를 잡아서 때렸다. 그래서 훈이도 첫째를 때리려고 하니 또래보다 키가 많이 큰 첫째는 훈이의 멱살을 잡아서 자신을 못 때리게 하니 훈이는 버둥대고 있었던 것이다. 나는 첫째에게 가서 당장 친구 멱살을 놓으라고 했다. 친구 멱살을 놓은 첫째는 아직 분이 안 풀렸는지 씩씩거렸다. 그리고 첫째가 화가 가라앉을 때까지 기다렸다. 화가 가라앉은 첫째에게 친구 멱살을 잡는 행동은 무조건 잘못되었다며 단호하게 말했다. 억울한 첫째는 친구가 먼저 놀려서 그랬다며 나에게 볼멘소리를 했다. 그런 나는 친구가 놀린 것과 상관없이 친구를 때린 행동은 무조건 잘못되었으며 다시는 그렇게 행동해서는 안된다고 말했다. 첫째는 억울한 듯이 표정을 지었지만 이내 자신이 친구를 때린 것은 잘못했다며 친구에게 사과를 하겠다고 했다. 그리고 옆에 있던 훈이에게 사과를 했다. 사과를 받은 훈이가 자신이 먼저 놀려서 형찬이가 화가 난 거라며 자신도 잘못했으니 사과를 하겠다고 했다. 그 후 첫째는 친구를 때리는 행동을 하지 않았다.

내가 첫째를 키울 당시 아이들끼리 놀게 놓아두고 엄마들은 커피를 마시는 문화가 생기기 시작했다. 문화센터나 놀이센터에 아이들을 넣어두고 엄마들을 밖에서 커피를 마시면 수다를 떠는 문화. 그런 문화가 확산하면서 엄마들은 그 시간을 즐기기 시작했다. 그러면서 키즈 카페가 선풍적인 인기를 끌기 시작했고 아이들은 아이들대로 엄마들은 엄마들대로 각자 자유의 시간을 만끽하기 시작했다. 그리고 정부에서 보조금을 주면서 영아기나 유아기 때부터 아이들을 어린이집에 보내는 것이 당연시되었고 엄마는 더 많은 자유를 얻게 되었다. 어느새 엄마들은 아이와 분리되어 자유를 만끽하는 것이 당연함으로 자리 잡게 되었다. 그런데 엄마의 자유시간이 많아질수록 아이들에게 인성 교육은 마다하고 자녀들에 대한 '과잉보호'를 넘어서 '예의범절'따위는 전혀 신경을 쓰지 않은 엄마가 되어갔다.

더욱 기가 막히는 풍경은 다른 아이들과 함께 놀면서도 자기 욕심만을 채우는 자식들을 흐뭇한 눈빛으로 바라보는 엄마들이 의외로 많다는 것이다. 그래서 제 것도 못 챙기는 아이를 보는 엄마들은 애가 타서 "저렇게 욕심이 없어서 이 험한 세상을 어떻게 살겠어요. 남의 것 빼앗아서 내 것으로 만들어도 부족한 세상에 가지고 있는 것도 나누어 주는 모습을 보니 답답하네요. 교육을 다시 해야겠어요."라고 말한다.

요즘은 공부만 중요시하고 양보나 배려 같은 미덕을 하찮게 여기는 부모들 탓에 아이들이 어렸을 때 배워야 할 것들을 배우지 못하고 학교에 온다. 그런 아이들은 버릇이 없고 공동체 의식을 무의미하게 만든다. 사실 행동보다 더 바꾸기 어려운 것이 생각이다. 그런 생각들이 학교 오기 전 가장 중요한 시간인 7년 동안 내재화된 아이들은 학교라는 공동체 시스템에 적응하기 어려울 수밖에 없다. 그래서 본인이 잘못해도 화를 내며 남의 탓을 하고 스스로 화에 이기지 못해 다른 사람에게 해를 끼치는 행동도 서슴없이 한다. 거기에다 부모까지 다른 아이만을 탓하며 합세를 하니 도대체 아이들은 올바른 교육을 받을 틈이 없다.

연수에서 만난 선생님께서 "지금은 우리 또래들이 아이를 키우고 학교에 보냈는데 아이들 상태가 왜 이렇죠? 인성이 바닥에다 자기밖에 모르고 스스로 할 줄 아는 건 왜 이렇게 없어요? 이유가 도대체 뭘까요?"라며 나에게 물었다. 그래서 내가 "우리가 그렇게 자랐잖아요. 경쟁체제에서 너만 잘하면 된다. 그리고 너만 행복하면 된다고. 그렇게 자란 부모들이 더 심한 경쟁체제가 되니 남 따위는 중요하지 않다. 너만 잘되면 된다. 남의 행복 따윈 중요하지 않다. 너만 행복하면 된다고 온 힘을 다해 아이들에게 가르치잖아요."

보통 수업을 마치면 아이들이 자기 자리 청소를 하고 1인 1 역할을 한다. 선생님들과 1인 1 역할에 관한 이야기가 나왔다. 한 선생님께서 수업을 마치고 1인 1 역할을 하고 있는데 학부모에게 전화가 왔다고 했다. 급한 일인가 싶어 받아보니 "연석이가 아직 학원 차를 안 탔다고 하는데 연석이 교실에 있나요?"라고 하셨다고 한다. 그래서 수업 끝나고 청소하고 있다고 하니 그때 어머니께서 "선생님, 연석이 학원 차 놓치면 어떡하려고 그러세요. 지금 당장 보내주세요. 그리고 청소보다 학원 차 시간 맞춰 타고 가는 것이 더 중요하니까 마치는 시간 좀 지켜주세요."라고 말하면서 전화를 끊었다고 했다. 그때 신규 선생님께서 이럴 땐 어떻게 해야 하냐고 물어보셨다. 나는 이렇게 말했다.

"두 가지 상황이 있어요. 요즘 맞벌이하는 경우가 많으니까 부모님으로서는 아이가 학원 차를 타지 않으면 걸어가야 하거나 학원이 멀면 못 가게 되는 일도 있어요. 그래서 부모님으로서는 데려다줄 수도 없으니 학원 차 타는 게 제일 중요하겠죠. 그런데 학교에서 보면 1인 1 역할은 자신의 역할을 맡아서 하는 책임감과 연결이 되는데 아이는 자신의 역할을 하지 않고 가니까 책임감이라는 가치를 배울 기회를 잃게 되는 거예요. 자기가 맡은 바에 대해 최선을 다해서 완수하는 건 아주 중요한데 요즘은 아이들이 책임감을 배울 기회가 점점 줄어드는 것 같아 안타까워요. 그런데 이때 아이들은 전체를 위해서 하는 행위보다 개인적인 일이 더 중요하다는 것을 배우게 되겠죠. 무섭지 않아요. 난 배려할 줄도 모르고 책임감 없는 아이들이 계속 양산된다는 상황이 무섭게 느껴지더라고. 결국, 앞으로 배워야 할 것을 못 배운 아이들이 개인이나 사회에 큰 영향을 끼칠 것 같다는 생각이 들어요."

도덕 시간에 아이들과 최선을 다하는 삶에 관해 이야기를 나누었다. 목표를 세우고 꾸준히 실천하는 방법에는 두 가지가 있다. 하나는 사명감과 보람을 가지며 목표를 지키는 것, 또 다른 하나는 꾸준히 노력해서 습관으로 만드는 것이다. 그럼 우리는 언제 사명감과 보람을 느낄까? 내가 세상에 도움이 되는 일을 할 때이다. 세상에 도움이 되는 일을 할수록 우리는 보람도 느끼고 행복해진다. 그래서 가정에서도 아이에게 가정에 도움이 되고 스스로 책임질 수 있는 역할을 주었으면 좋겠다. 식탁에 수저 놓기, 신발 정리하기, 분리수거하기 등 가정에 도움이 될 수 있는 일을 맡아서 하도록 한다. 나도 아이들이 어렸을 때부터 식탁에 수저 놓기, 식탁

닦기, 빨래 개기, 분리수거 등 가족 구성원 모두를 위한 일을 할 수 있게 했다. 도움이 되기 위해 하는 일을 빠뜨렸다고 해서 이야기하기보다 도움을 준 것에 대해 고맙다는 말을 많이 했다.

"백지장도 맞들면 낫다고 집안일도 다 같이 하니까 정말 쉽다. 그지? 함께 해줘서 정말 고마워."

학교에서 퇴근하고 왔는데 그날 너무 피곤해서 잠시 누워있었다. 나도 모르게 잠이 들었다. 그리고 둘째가 나를 깨웠다. "엄마 일어나서 저녁 드세요."라고 말했다. 잠에서 깬 나는 '오빠 학원 가려면 저녁 해야 하는데…'라는 생각에 벌떡 일어났다. 그리고 부엌에 가 보니 저녁이 차려져 있었다. 나는 깜짝 놀라 첫째와 둘째를 쳐다보았다. 첫째와 둘째가 웃으며 "엄마, 오늘 매우 피곤해 보이셔서 저희가 저녁 차렸어요. 엄마가 좋아하는 떡볶이에다가 저희가 할 수 있는 요리 했어요."라고 말했다. 감동이 밀려오는 순간이었다.

생각을 나누고 행위를 베풀수록. 그리고 감사의 말을 하는 것. 사회적으로 성취한 사람이 될 가능성이 크다. 하지만 부모들은 나누고 베풀면 손해 보고 어리석다고 생각한다. 그래서 아이들에게 "내가 모든 걸 다 해 줄 테니 너는 공부만 하면 된다."라고 말한다.

중학교, 고등학교 다닐 때는 성적은 좀 좋을지 모르나 사회에 나가면 남들이 시키는 일만 할 줄 알지 자기 스스로 일을 주도적으로 해나가지 못한다. 그리고 가정을 이루어서도 상대를 배려하기보다는 자신이 즐거움만을 쫓으며 살아가는 경우가 많다. 요즘 이혼 사유 중에 집안일 때문에 이혼하는 생각보다 많다. 맞벌이하다 보면 집안일 때문에 갈등이 생기는 때는 있다. 집안일 갈등에 부족한 가치가 바로 배려이다. 부모가 다 해주고 자기 몸만 챙기며 살았던 아이가 결혼하면서 배려라는 가치가 갑자기 생기지 않는다. 그래서 어렸을 때부터 배려라는 가치를 가르쳐줘야 한다.

부모 또한 아이를 키우면서 꼭 생각해봐야 하는 것이 있다. 바로 가치이다. 부모는 자신이 중요하게 여기는 가치를 생각해봐야 한다. 그리고 가치에 대한 생각이 제대로 정립되어 있는지부터 살펴야 한다. 부모가 바로 세운 가치를 토대로 부모가 먼저 바로 서야 한다. 그럼 아이는 바로 설 것이고 바로 선 아이는 위대한 존재가 될 것이다.

자신을 잘 다루는 아이가 단단하다

부모 강의하러 갔을 때이다. 일찍 강의실에 도착해서 기다리고 있으니 부모님들이 한두 명씩 들어오기 시작했다. 그래서 인사를 나누고 아이가 몇 살이냐고 물어보며 자연스럽게 육아 일상에 관해 이야기를 나누었다. 2살 딸아이를 키우고 있다는 엄마가 둘째를 낳을지 고민을 하고 있는데 주위에 하나같이 뭐 하러 힘들게 아이를 둘 낳으려고 하냐면서 자신을 무슨 외계인 취급을 한다고 했다. 그래서 나에게 "강사님은 아이가 둘이니까 어떠세요? 둘째를 낳아야 할까요?"라고 물어보았다. 그래서 내가 "어머님은 둘째를 낳고 싶으세요?"라고 물어보니 본인은 낳고 싶다고 했다. 왜 낳고 싶으냐고 물으니 아이가 혼자 자라는 것보다 둘이 같이 있으면 외롭지 않게 자랄 수 있을 것 같다고. 아이가 혼자면 매번 부모가 같이 있어야 하거나 놀아줘야 하는데 둘이 있으면 이런 부분은 좀 수월할 것 같다고 했다. 그리고 미리 가정에서 사회성을 기르는 것도 아이가 커서 살아가는 데 큰 도움이 될 것 같다고 했다. 사실 전적으로 내 의견이지만 나는 둘째 고민을 한다고 이야기하면 무조건 낳으라고 한다. 나이 터울이 크지 않게 낳는 것이 더 좋다며 방법까지 일러준다. 그런데 요즘에는 이런 말을 하다가도 워킹맘이 "아이를 하나 더 낳을까요?"라고 물어보면 나도 모르게 멈칫할 때가 있다.

아이가 하나일 때 부모가 가장 걱정하는 부분이 공감 능력이다. 아이가 혼자 자라면 공감 능력이 떨어지지 않을까 걱정을 한다. 그래서 부모는 아이의 공감 능력을 어떻게 키워줘야 할지 고민을 한다. 그때 티브이 프로그램에서 부모가 아이를 공감해 줘야 잘 자란다는 메시지로 인해 부모들은 본격적으로 아이를 공감해 주기 시작했다. 하지만 지금 아이를 키우고 있는 부모들은 자신의 부모에게 공감을 받아 본 적이 많이 없다. 그 당시 부모님들은 먹고살기 바빴으니까…. 결국, 공감도 자신만의 방법대로 해나가게 되었다.

아이의 공감 능력을 키워주려면 부모부터 내 아이와 자신의 관계에 대해 정직하게 들여다봐야 한다. 그리고 감정에 좋고 나쁨이 없다는 것을 알아야 한다. 부모들은 아이들이 부정적인 감정을 이야기할 때면 "왜 그렇게 느끼냐? 그건 잘못되었다."라는 식으로 나무라면 공감을 안 하느니만 못하다. 아이가 부정적인 감정을 드러내더라도 일단은 아이의 감정에 긍정적으로 반응하는 것이 중요하다. 감정을 공감 받는 경험을 많이 할수록 자신의 감정을 많이 표현해 볼수록 자신의 감정을 스스로 제어하는 능력이 길러진다.

아이가 어렸을 때 자신의 감정에 공감 받는 경험은 중요하다. 그런데 문제는 부모가 공감해야 하는 경우와 하지 말아야 하는 경우를 구분하지 못해 모든 부분에서 공감을 해주는 경우가 나타나고 있다. 오히려 이것이 아이가 학교생활을 하는 데 도움이 되기보다 어려움으로 자리 잡고 있다는 것이 안타깝다. 친구를 때려서 다치게 해 놓고 부모가 아이에게 "속상해서 친구를 때렸구나" 하고 공감을 해준다. 자신이 속상해서 친구를 때리는 행동은 잘못된 것이다. 속상한 건 감정이고 때리는 건 행동이다. 감정과 행동을 분리해서 가르치지 않는다면 아이는 매번 혼란스러워진다.

얼마 전 아이들과 곤충체험관을 갔다. 체험관에 들어서는 순간 로비에서 아이가 소리를 지르며 울고 있었다. 엄마는 어린 동생을 안고 있었고 어쩔 줄 몰라 하며 주위를 살피고 있었다. 그런 엄마는 이윽고 아이를 일으켜 세웠고 "너 울어도 소용없어. 너 집에 가서 두고 보자."라고 이야기했다. 이런 상황에 부모들이 가장 조심해야 할 말이 "너 집에 가서 두고 보자. 집에 가서 혼날 줄 알아."이다. 아이가 잘못한 상황에서 아이에게 올바른 행동을 가르치지 않고 한참 후에 집에 오면 아이는 그때 일을 까맣게 잊어버린다. 집에 와서 부모님이 이야기해봤자 아이들은 무엇을 이야기하는지조차 모른 채 듣고 있다는 것이다. 부모님은 아이가 잘 알아들었겠지 싶지만, 허공에 대고 말하는 격이라는 것을 알아야 한다. 행동을 훈육할 때 사람들과 분리된 공간으로 가는 것은 좋으나 아이가 울음을 그치면 바로 훈육을 해야 한다. "집에 가서 두고 보자."라고 말하는 순간, 아이는 올바른 행동을 배울 기회를 잃어버리게 된다.

아이들이 행동할 때는 3가지로 나뉜다. 행동을 어떻게 할지 모르는 경우, 아는데 이상하게 행동하는 경우, 잘못된 행동을 하는 경우로 나뉜다. 행동을 어떻게 해야 할지 모르는 경우는 가르쳐줘야 한다. 이때 부모가 "왜 이것도 못 해."라고 하면 아이는 혼란이 온다. '도대체 어떻게 해야 하는지도 모르던데 어떻게 하라는 거지?' 다음번에도 부모가 원하는 행동을 할 수가 없다. 어떻게 하는지 모르기 때문이다. 두 번째 아는데 이상하게 하는 경우는 올바른 행동을 이끌어야 한다. 올바른 행동을 위한 피드백을 주고 스스로 연습할 수 있는 시간을 주며 바르게 행동하면 칭찬을 해줘야 한다. 예를 들어 발표할 때 손을 제대로 들지 못할 때는 팔을 쭉 펴서 팔이 귀에 스칠 정도로 손을 들어보라고 한다. 그리고 스스로 해볼 기회를 주고 발표 상황에서 제대로 손을 들면 바로 칭찬해준다. 세 번째 잘못된 행동을 하는 경우 올바른 행동을 가르쳐 준 후 올바른 행동을 했을 때 즉시 칭찬해 주면 된다. 예를 들어 연필을 던지는 행동을 한다면 연필을 바르게 잡고 쓰는 행동을 할 때만 칭찬을 해주는 것이다. 아이가 집중이 잘 안되어 책상에 앉지 않고 돌아다니면 책상에 아이가 좋아하는 물건을 놓아두고 아이가 책상에 앉게 한 다음 앉을 때마다 칭찬을 해주는 것이다. 그래서 아이의 행동을 볼 때 아이가 몰라서 가르쳐줘야 하는지 아는데도 행동을 이상하게 하는지 잘못된 행동을 하는지 잘 살펴봐야 한다. 부모는 아이를 관찰하고 올바르게 가르쳐줘야 아이는 자신의 행동을 잘 다룰 수 있다.

요즘 식당에 가면 아이에게 패드나 휴대전화로 영상을 보여주고 부모는 식사하는 경우를 많이 본다. 하루는 유아를 키우는 친구가 나에게 외식을 하러 나가면 부모들이 식사하는 내내 아이들에게 휴대전화를 보여주는 경우가 대부분이라고 말했다. 그리고 마트에 가서 장 볼 때도 카트에 타고 휴대전화를 보는 아이들이 너무 많다면 심지어 휴대전화를 보다가 카트 안에서 자는 아이도 봤다면서 같이 아이를 키우는 처지에서 걱정이 많이 된다고 했다. 나는 친구에게 이렇게 말했다.

"뇌가 자라고 있는 유아에게 영상을 너무 많이 보여주는 것이 좋지 않다는 것을 모르는 부모님은 없을 거야. 더 중요한 것은 아이에게 영상을 보여줄 때 아이가 조용히 잘 앉아 있으니 부모님들은 휴대전화 영상을 틀어주는 행동을 더 자주 하게 된다는 거야.

부모들은 이 덫에 스스로 빠지는 줄 몰라. 사실 휴대전화 영상을 보여주고 안 보여주고 하는 것은 부모의 선택인데 휴대전화 영상을 보여주지 않는 부모님들은 아이가 어리면 아예 외식하러 나오지 않으시더라고. 요즘 배달도 잘 되고 직접 마트 오지 않아도 장보기도 쉽잖아. 부모도 스스로 자신의 행동을 단호하게 해야 할 부분도 참 많은 것 같아. 이렇게까지 하면서 아이를 길러야 하나 싶기도 하지만 나중에는 걷잡을 수 없는 일이 되었을 때는 이미 늦어 손을 쓸 수도 없잖아."

부모가 자신의 행동을 조절하는 모습을 보여줘야 아이도 행동을 조절하는 법을 배운다. 부모가 매번 휴대전화를 손에서 놓지 않는데 어떻게 아이에게 휴대전화를 하지 말고 책을 읽으라고 말할 수 있을까?

2024년부터 초3, 중1 책임 교육 학년제가 시행되었다. 책임 교육 학년제란 학생들의 학습에 결정적인 시기를 책임 교육 학년으로 지정하여 집중 지원하는 제도이다. 초등학교 3학년은 읽기, 쓰기, 셈하기를 기반으로 교과 학습을 시작하는 단계, 중학교 1학년은 초등교육을 기반으로 중등교육을 시작하는 단계이다. 학생들이 10여 년 학교생활을 할 동안 학습과 성장에 결정적인 시기를 바로 초등학교 3학년, 중학교 1학년으로 본 것이다. 그래서 3월 초, 전국 초등학교 3학년을 대상으로 학업성취 평가가 시행되었다. 과목은 문해력과 수리력이었다. 평가 결과를 보낸 후, 얼마 있다 공문이 내려왔다. 3학년이 책임 교육 학년이라서 책임지고 방과 후 지도를 하라는 것이었다. 그래서 3학년 아이들을 데리고 방과 후 지도를 했다. 우리 반에서 만난 3학년 아이들이 서로 반가워하며 "우리 2학년 때도 같이 했잖아."라고 말했다. 나는 그 말을 듣고 웃어야 할지 울어야 할지 난감했다. 그중 다른 반인 예찬라는 아이는 우리 반에 올 때마다 친구의 잘못을 나에게 이르기 바빴다. 처음에는 예찬이의 이야기를 들어주었지만, 매번 친구가 잘못한 것을 나에게 이르는 예찬이의 말 속에는 친구가 야단맞았으면 하는 마음이 가득했다. 처음에는 예찬이가 말하는 친구를 불러서 같이 이야기했는데 몇 번 이야기하다 보니 예찬이가 오해하는 경우가 대부분인 데다가 원인 제공을 예찬이가 한 경우가 많았다. 그래서 예찬이에게 "예찬아, 선생님이 예찬이 한 달 관찰해 보니 친구의 잘못한 점만 말하는데 이유가 있어?"라고 물어보니, "아니요."라며 머리를 긁적였다. "그러면 왜 친구의 잘못한 점만 이야기해? 친구 잘못을 이야기한다고 예찬이가 좋은 사람이 되는 게 아닌데. 예찬이가 친구의 좋은 점을 이야기할 때 좋은 사람이 되는 거야." 그 후 예찬이는 친구의 잘못을 이르는 횟수가 확연히 줄었다. 그래도 한 번씩은 하지만 그때마다 "그 친구는 어떤 점이 좋아?"라고 물어봐 준다. 아이들은 자신이 어떤 말을 하는지 모르는 경우가 많다. 발달 단계상 초등학교 6학년은 되어야 자신이 한 말에 대해 스스로 생각할 수 있게 된다. 이때부터 역지사지가 가능하게 되는 것이다. 그래서 부모는 아이가 욕을 하거나 나쁜 말을 할 때 부모 자신의 말을 점검해봐야 한다. 그러고 나서 관찰을 바탕으로 아이가 자신이 하는 말을 되돌아볼 수 있는 질문을 해줘야 한다. 관찰을 바탕으로 하지 않는 질문은 지적밖에 되지 않기 때문이다. 아이는 자신의 말을 되돌아볼 때 자신의 말 또한 조절할 수 있게 된다.

부모는 아이의 감정은 공감해 주고 행동은 단호하게 경계를 정확하게 말해줄 때 아이들은 안정감을 느끼고 자신을 스스로 조절할 수 있게 된다. 자신을 잘 다루는 아이는 자기감정과 행동을 잘 조절할 수 있으며 교우 관계도 원만하며 행복도가 높다. 게다가 자율성과 집중력도 높아 자기 주도적 학습 능력도 뛰어나다. 하지만 상황마다 부모가 말과 행동이 달라지면 아이들은 혼란스러워한다. 그런 아이들은 불안함을 느끼고 스스로 다루는 힘이 부족하게 된다. 상황마다 자신의 해야 하는 말과 행동 그리고 감정까지 잘 다루는 아이는 어떤 상황에서도 흔들리지 않고 자신의 삶을 최선으로 만들 것이다.

아이의 자존감을 높여주는 긍정대화법

하임 기너트 박사는 '감정을 먼저 읽어주고 수용하고 공감해 주면 아이들이 어른의 말을 귀 기울여 듣고 바람직한 행동을 한다.'고 말했다. 긍정 대화의 가장 기본은 '경청'이다. 경청(傾聽)의 한자 의미를 보면 경(傾)은 '기울이다', '쏟다'라는 뜻을 가지고 있다. '경'자는 사람(亻)과 고개를 숙이는 모습(頃)의 결합으로, 누군가의 말을 잘 듣기 위해 몸과 마음을 기울이는 태도를 의미한다. 청(聽)은 '듣다'라는 뜻을 가고 있다. '청'자는 귀(耳)와 마음(心)을 함께 사용하여 듣는다는 뜻이다. 구체적으로 보면 귀(耳), 십(十), 눈(目), 마음(心)의 결합으로, 온전한 주의와 마음을 기울여 듣는다는 의미를 내포하고 있다. 따라서 '경청'은 단순히 듣는 것이 아니라, 몸과 마음을 기울여 주의 깊게 듣는다는 의미를 가진다. 이는 상대방의 말을 존중하고, 깊이 이해하려는 태도를 반영하는 말이다.

경청은 말은 쉽다. 하지만 막상 하려고 하면 잘 안 되는 것이 경청이다. 부모는 아이의 말을 듣고 있다가도 어느새 말을 하려고 준비하고 있다. 아이의 말이 왔다 갔다 하거나 앞뒤 말이 맞지 않는다 싶으면 부모는 빨리 바로 잡고 싶은 마음에 아이의 말을 치고 들어온다. 들어주는 것이 지겹기도 하고 듣고 있자니 시간 낭비 같다는 생각이 들기도 하기 때문이다. 그래서 부모 자신의 기준대로 결론을 낸다. 그리고 아이에게 '이제 결론 났으니 됐지. 해결된 거다.'라고 눈빛을 보낸다. 그때 아이는 다짐한다. '이제 엄마한테는 절대 말하지 말아야지.' 가장 중요한 것은 부모가 판단하지 않고 끝까지 들어주는 것이다. 아이의 이야기를 충분히 들어주다 보면 어느새 아이는 자신의 말이 어디서부터 잘못되었는지 스스로 깨닫게 된다.

『성공하는 사람들의 7가지 습관』의 저자 스티븐 코비는 경청을 효과적인 의사소통의 핵심으로 보았다. 그는 "먼저 이해하고, 다음에 이해시켜라."라는 습관을 통해 경청의 중요성을 강조했다.

나는 학기 초가 되면 아이들에게 경청의 기술에 대해 알려준다. 첫 번째는 두 명의 학생에게 주말에 한 일 등에 관해 동시에 이야기하게 한다. 내가 "그만"이라고 할 때까지 계속 말한다. 그리고 아이들에게 "친구들로부터 무엇을 알게 됐나요?"라고 물어본다.

그럼 아이들은 하나같이 "무슨 말을 했는지 모르겠어요."라고 이야기한다. 두 번째는 한 명은 말하고 나머지 한 명은 다른 곳을 보거나 손톱을 보는 등 딴청을 피운다. 20초 후 말하는 역할을 한 학생에게 질문한다. 내가 "어떤 느낌이 들었나요?"라고 물으면 무시하는 것 같아 속상하다고 했다. 그리고 "짝이 듣고 있다는 느낌이 들었나요?"라고 물으니 "아니요."라고 이야기를 했다. 마지막으로 "짝에게 어떤 생각이나 결심을 하게 되었나요?"라고 물으니 '다음에는 짝에게 이야기하지 않아야지.'라는 생각이 들었다고 했다. 그리고 우리의 듣는 기술을 포스터에 적어 게시한다.

우리의 듣는 기술

1. 말하는 사람 바라보기
2. 말하는 동안 조용히 하기
3. 말하는 것에 생각하기
4. 가만히 기다리기

때때로 듣는 기술을 잘 익히고 있는지 확인한다. 잘 안될 때뿐 아니라 잘될 때도 확인한다. 상대방의 이야기를 귀 기울여 듣기만 해도 긍정적인 분위기가 형성된다.

중간 놀이시간이 시간이 끝나고 아이들이 우르르 몰려와 이야기했다.

"선생님, 수현이가 시우 뺨을 때렸어요."

"어? 수현이가 시우 뺨을 때렸다고?"

조금 있으니 시우는 자신의 뺨을 두 손으로 감싸며 교실로 들어오고, 수현이는 화가 났는지 얼굴이 붉으락푸르락 한 채로 씩씩거리며 교실로 들어왔다. 시우와 수현이를 불러서 무슨 일이 있었는지 각각 다른 공간에서 상황을 물어보았다. 처음에 각자의 상황을 물어봤을 때는 둘 다 일치되는 내용이 거의 없었다. 자신이 한 잘못은 얼버무리거나 말하지 않고 친구가 잘못한 내용만을 말했다. 그리고 둘이 만나서 각자의 상황에 대해서 말했다. 이때 친구가 말하는 중간에 끼어들거나 말을 하지 말고 집중해서 듣기만 하라고 했다. 서로의 상황을 오롯이 듣기만 한 후 다시 대화를 나누었다. 그때부터 시우와 수현이는 자신의 상황만 이야기하지 않고 전체의 상황에 관해 이야기했다. 상황은 이러했다.

중간 놀이시간에 비가 조금씩 내리고 있었다. 시우가 실내화를 신고 비를 맞으며 뒷마당에서 야구를 하고 있었다. 수현이는 시우를 보고 비가 오면 실내화 신고 뒷마당에서 놀면 안 된다며 빨리 교실로 올라오라고 말했다. 그런데 시우는 수현이의 말을 무시하고 비를 맞으며 뒷마당에서 놀았다. 자기 말을 무시하는 시우에게 화가 난 수현이는 시우의 옷을 잡아당겼고 옷을 잡아당기니 시우의 목이 졸렸다. 그래서 시우는 들고 있던 야구 배트로 수현이의 머리를 때렸고 화가 난 수현이는 시우의 뺨을 때리게 된 것이다.

학급에서 아이들끼리 싸우는 경우 처음에는 사소한 다툼으로 시작된다. 사소한 다툼이 있을 때 아이들의 상황을 들어주지 않으면 부정적인 감정을 계속 마음속에 쌓는다. 그런 상황이 반복되면 상황은 격정적으로 치닫게 되고 폭발하게 된다. 작은 불씨가 큰불이 되는 격이다. 그래서 아이들이 씩씩거리며 억울한 듯 보일 때 제일 먼저 해야 하는 것은 경청이다. 그리고 판단 없이 아이들의 이야기를 들어주면 된다. 그럼 불씨는 사그라든다.

선생님들이 아이들 사이에 문제가 생겼을 때 나에게 와서 어떻게 해야 하냐고 물어볼 때가 있다. 그때 나는 긍정 질문 5가지와 함께 긍정 대화법에 관해 이야기해 준다. 나의 이야기를 듣고 선생님들이 하시는 말씀이 "이렇게 하나하나 다 물어봐 주고 들어주면 시간이 너무 오래 걸리잖아요. 그 아이 하나만 보고 있을 수 없고. 수업도 해야 하는데…."라고 말씀하신다. 나도 처음에 '이렇게까지 해야 하나?'라고 생각했었다. 아이 각자 따로 물어봐 주고 들어주고 공감해 주고 다시 만나서 또 물어봐 주고 들어주고 공감해 주고. 쉬는 시간에 상담하고 있는데 수업 시간 종은 치고 수업은 해야 하는데 마음만 급해지고. 처음에는 나도 시간이 오래 걸리니 답답하기도 했다. 그런데 수년을 해보니 이렇게 몇 번만 해도 아이들은 스스로 행동을 수정해 나가며 더는 문제 행동을 일으키지 않았다. 어쩜 주로 문제 행동을 일으키는 아이들은 항상 부정적인 피드백이 많이 받아왔을지도 모른다. 아니 부정적인 피드백을 많이 받은 경우가 대부분이다. 공감받고 존중받은 아이들은 나를 대하는 태도가 달라진다. 우리 선생님은 '내 이야기를 들어주는구나.', '내 마음을 알아주는구나.' 하고 말이다.

모두가 행복해지는 긍정 질문 5단계

1단계 : 무슨 일이야?

2단계 : 그때 어떤 마음이 들었어?

3단계 : 뭐가 불편했어?

4단계 : 친구가 어떻게 해줬으면 좋겠어?

5단계 : 친구와 사이좋게 지내기 위해서 너는 어떻게 해야 할까?

긍정 질문 5단계 포인트

1. 각자 공간에서 질문할 때는 아이의 이야기를 들어주고 공감하는 것이 목적이다.
2. 만나서 질문할 때는 같은 상황이더라도 서로의 입장이 다름을 이해하는 것이다.
3. 마지막 질문은 부모나 교사가 나서서 해결책을 제시하지 않고 질문해서 아이가 스스로 해결책을 찾도록 이끄는 것이 중요하다.

나는 우리 집 아이들이 말귀를 알아들을 때부터 긍정 질문으로 갈등을 해결했다. 둘째가 5살 때쯤이었을 것이다. 첫째와 둘째가 싸우는 일이 있었다. 각자 방에 들어가서 긍정 질문으로 대화했다. 그 당시 첫째는 9살이었으니 질문에 대해 이해하고 스스로 대답했다. 그리고 둘째와 방에 들어가서 질문을 하는데 그때 둘째가 "엄마, 불편한 게 뭐예요?"라고 물어보았다. 그 모습이 어찌나 귀엽고 사랑스럽던지 웃음이 나오려는 걸 꾹 참고 이야기 해주었다. 그렇게 긍정 질문으로 아이들의 갈등을 해결해 주었고 갈등이 일어날 때마다 이렇게 해나가니 둘째가 초등학교 갔을 때쯤부터는 긍정 질문을 한 적이 없었다. 그 자리에는 사이좋은 남매가 대신했다. 지금도 아침마다 둘이 스킨쉽을 하며 행복한 얼굴로 나를 쳐다보는 아이들 덕분에 아침부터 긍정 바이러스가 곳곳에 퍼진다.

점심시간에 점심을 먹고 있는데 내 앞에 앉은 연주가 나에게 이렇게 말했다.

"선생님은 어떻게 저희 이야기를 잘 들어주세요?"

"선생님이 너희 이야기를 잘 들어주는 것 같아?"

"네. 선생님은 무슨 일이 생기면 저희 이야기를 다 들어주시잖아요. 그래서 정말 좋아요."

사실 아이들의 이야기를 잘 듣다 보면 아이들의 진짜 마음을 알게 된다. 아이들 이야기 속에는 자신의 마음이 다 들어있기 때문이다. 아이들은 부모에게 이해받고 지지받고 존중받는다고 생각이 드는 순간 자신이 원하는 바를 긍정적으로 얻을 수 있는 해결책을 찾을 여유가 생긴다. 그런 경험을 계속하게 된 아이들은 자존감이 올라갈 수밖에 없다. 긍정 대화법으로 아이의 자존감도 올려주고 아이의 만족감도 올려주자!

07

'잘' 실패하는 법을 가르치자

인생을 살다 보면 우리는 모두 크고 작은 실패를 경험하게 된다. 물론 실패하지 않기 위해 최선을 다하고, 그 경험이 우리를 힘들고 고통스럽게 만든다는 것은 피할 수 없는 진실이다. 하지만 문제는 그 이후에 있다. 똑같이 실패를 한 두 사람이 있다고 하자. 누군가는 실패한 '과거'에 머물며 좌절감에 빠진다. 하지만 누군가는 그것을 통해 '미래'를 준비한다. 이 두 사람에게는 어떤 차이가 있는 걸까?

내가 존경하는 지인이 있다. 지인이 어렸을 때 아버지가 사업 실패로 인해 큰 빚을 남기고 음독자살했다. 20살이 된 지인에게 남은 건 아버지가 남긴 빚밖에 없었다고 했다. 지인은 조그마한 고

시원 단칸방에서 하루에 라면 한 끼로 허기를 견디며 글을 썼다고 한다. 힘겹게 원고는 완성되었지만 사실 어느 출판사로부터도 환영받지 못했다고 한다. 원고 뭉치를 끌어안고 방문하는 출판사마다 거절당하며 시간이 흘렀다고 한다. 하지만 포기하지 않고 300곳 넘게 계속 출판사의 문을 두드렸다고 한다. 연이은 실패에 지쳐 갈 때쯤 한 출판사로부터 출간 제안을 받게 되었다고 했다. 지금은 수백 권을 책을 쓰고 교과서에 글이 수록될 정도로 유명한 작가가 되었다. 그런 지인은 나에게 "실패는 변형된 축복이다."라고 말했다. 처음에는 '실패가 무슨 축복이야.'라고 생각했다. 지인은 자신의 아버지가 빚을 남기고 가지 않았으면 지금의 자신은 없었을 거라고 말했다. 그런 상황들이 자신의 의지를 더욱 단단하게 해 주었고 실패를 뛰어넘어 성공할 수 있었다고 했다. 그래서 항상 나에게 아무 일도 일어나지 않는 하루를 걱정해야 한다고 말했다.

우리 학교는 줄넘기 달인제가 있다. 학년 별로 모둠발 뛰기, 구보 뛰기, 엇걸었다 풀어 뛰기, 가위바위보 뛰기, 이단 뛰기를 기준에 맞게 통과해야 줄넘기 달인이 된다. 그래서 3월부터 일주일에 한 번 아침 활동시간이나 체육 시간에 아이들과 줄넘기 연습을 했다. 아이마다 줄넘기 수준이 천차만별이었다. 특히 2단 뛰기는 아예 할 수 없는 아이부터 50개씩 하는 아이들까지 다양했다. 처음 줄넘기 시작하는 날이었다. 갑자기 민수는 배가 아프다고 하며 체육 수업을 못 하겠다고 했다. 민수는 승부욕이 강하고 체육활동에 적극적으로 참여하는 아이라 배가 많이 아픈가 싶어 걱정되었다. 다음 체육 시간 민수는 또 배가 아프다고 했다. 하지만 줄넘기를 하지 않는 체육 시간은 배가 아프다고 하지 않았다.

그래서 '민수가 줄넘기를 못 할까 봐 일부러 배가 아프다고 하나?' 하는 생각이 들었다. 그래서 민수에게 "민수야, 배가 좀 괜찮으면 줄넘기 한번 해 볼까?"라고 말하니 민수의 동공이 흔들리기 시작했다. 그런 민수가 갑자기 울먹이며 "선생님, 저 줄넘기 못 해요." 라고 말했다. 그래서 내가 시작도 안 해보고 어떻게 판단할 수 있냐고 다른 친구들도 처음부터 잘하지 않았다고…. 꾸준히 연습하고 실패하고 또 연습하고 단계를 밟아 나간 것이라고 말해주었다. 그리고 시도조차 하지 않으면 내가 줄넘기를 할 수 있는지 없는지조차 모르게 된다고 했다. 선생님이 도와줄 테니 해보자고 했다.

처음에 민수는 머뭇거렸다. '승부욕이 강하고 완벽주의 성향을 지닌 민수가 자신이 줄넘기를 못 하는 모습을 친구들 앞에서 보여주기 싫어하는구나.' 하는 생각이 들었다. 그래서 내가 민수 앞에서 줄넘기를 먼저 했다. 그리고 줄넘기를 한 번 넘자마자 일부러 줄에 걸렸다. 그런 민수는 나를 보고 웃었다. 그러더니 민수가 "선생님, 저도 해볼게요."라고 말했다. 그리고 민수는 줄넘기를 시도했고 모둠발 뛰기를 곧잘 했다. 나는 물개박수를 쳤고 그런 민수는 자신이 모둠발 뛰기를 할 수 있다는 것에 스스로 놀라서 "선생님,

제가 줄넘기할 수 있네요."라고 말했다.

"그래. 오늘 네가 실패할 거라는 두려움에 시도조차 해보지 않았다면 넌 평생 줄넘기를 못 한다고 생각했겠네. 그지?"라고 말하며 서로 보고 웃었다.

아이들은 엄마, 아빠, 선생님 같은 어른들은 실패하지 않는다고 생각한다. 특히 학교에서 아이들은 선생님은 뭐든 잘한다는 생각을 하는 경향이 있다. 그래서 나는 아이들이 실패를 자연스럽게 받아들일 수 있게 내가 먼저 실패하는 모습을 보여준다. 그러면 아이들은 실패는 누구나 할 수 있는 것이라는 생각에 실패를 좀 더 가볍게 받아들인다.

아이가 어렸을 때 나는 아이에게 내가 잘하는 모습을 보여주는 것이 아이한테 도움이 된다고 생각했다. 그러나 내가 잘하는 모습을 보여줄수록 아이는 도전하지 않는다는 것을 알게 되었다. 하루는 아이가 그림을 그리는데 심심해서 옆에서 같이 그림을 그렸다. 옆에 있던 아이가 내가 그린 그림을 보고 나서 더는 그림을 그리지 않았다. 그래서 유아 미술을 하는 지인에게 물어보았다. 지인이 이렇게 말했다.

"아이가 그림을 그릴 때 엄마가 아이보다 더 잘 그리면 아이는 스스로 엄마보다 그림을 못 그릴 것 같아 포기하게 돼요. 그래서 아이가 처음 시작할 때 부모가 그림을 못 그리는 모습을 보여주면 아이는 더 자신감을 가지고 그림 그리기를 시도하게 돼요."

나는 그때 알았다. 엄마도 실패한다. 괜찮다. 누구라도 실패하기 마련이라는 것을 알게 되면 실패를 가볍게 느끼게 된다는 것을. 그런 아이들은 '실패해도 괜찮아. 다시 하면 돼.'라고 생각한다.

대학 입시나 취업할 때 자기소개서나 면접에서도 빠지지 않고 물어보는 질문이 실패에 대한 경험이다. 그런데 우리나라 아이들은 실패에 대한 경험에 관해 이야기하는 것을 가장 어려워한다. 실패에 대한 경험 질문은 당신이 실패했으니 실패자라고 낙인찍는 것이 아니라 실패를 어떻게 극복했는지를 보기 위해서 하는 것이다. 실패에 대한 그 사람의 태도나 능력을 보고자 하는 것이 아니다. 하지만 우리나라 사람은 실패에 대해 인색하다. 실패하면 큰일 난 것처럼 여긴다. 그래서 그런 분위기에 자란 아이들은 실패가 큰 두려움으로 다가올 수밖에 없다. 실패가 두려움이 되는 순간 아이들은 도전하지 않게 되는 것이다. 그래서 아이가 무엇이든 도전할 때 부모가 대담하고 유연한 태도를 보여야 한다.

비가 오는 날 아이와 부침개를 구워 먹기로 했다. 그래서 같이 부침개 재료를 썰고 부침개 반죽을 했다. 그리고 프라이팬에 기름을 두르고 부침개 반죽을 붙였다. 내가 아이들한테 엄마가 부침개 뒤집기 쇼를 보여주겠다면서 부침개를 공중에 뛰어서 뒤집었다. 그 순간 부침개가 프라이팬으로 제대로 떨어지지 않아 찢어지고 말았다. 아이들은 그런 나의 모습을 보며 좋아하며 큰 소리로 웃었다.

"부침개 뒤집기 연습 많이 했는데 오늘은 뒤집다가 찢어져서 못생긴 부침개가 되어버렸네. 두 번째는 좀 더 예쁘게 되도록 구워봐야겠다. 그래도 맛은 괜찮지?"

그리고 나는 다시 부침개를 한 번 더 구웠다. 내가 부침개를 뒤집으려는 순간 아이들이 조마조마하며 나를 바라봤다. 그리고 부침개를 공중으로 띄운 다음 뒤집었다. 부침개는 프라이팬에서 제대로 떨어져 한 바퀴 돌아 프라이팬에 착지했다. 그 모습을 보고 "엄마, 이번에는 성공했어요."라고 하며 아이들이 더 좋아했다.

다음 날, 둘째가 아침에 일어나 본인도 달걀 프라이을 해보겠다며 나에게 말했다. 그래서 나는 해보라고 했다. 처음에는 달걀을 깨어서 프라이팬에 넣는데 달걀 껍데기가 다 들어가는 바람에 실패했다. 두 번째는 불을 너무 세서 달걀이 다 타 버렸다. 하지만 둘째는 포기하지 않고 다시 해보겠다고 했다. 세 번째는 제대로 뒤집히지 않아 달걀이 예쁘게 되지 않았다. 그리고 네 번째 달걀 프라이를 하고 나서 둘째가 환호성을 질렀다. "엄마, 달걀 프라이가 정말 예쁘게 되었어요. 이 예쁜 달걀 프라이는 예쁜 엄마 드세요."라고 말하면서 윙크를 했다. 그런 둘째가 참 사랑스러웠다. 둘째가 해준 달걀 프라이를 먹으면서 달걀 프라이를 예쁘게 구운 비법이 뭐냐고 물었다. 둘째는 달걀을 깰 때 한 번에 깨야 껍질이 들어가지 않고 불 세기 조절을 잘해야 하고 달걀 아래 표면이 적당히 익었을 때 뒤집어야 한다면서 다음번에는 더 잘할 수 있을 것 같다고 말했다.

실패했을 때 가장 먼저 떠오르는 것이 자책이다. '내가 그렇지 뭐. 나는 잘하는 게 없어.' 실패로 인한 부정적인 감정에 나도 모르게 휘둘리게 된다. 이러한 부정적인 감정은 더 앞으로 나아가지 못하게 나의 발목을 잡는다. 그때 나는 아이들에게 이렇게 말한다.

"우리는 배우기 위해 태어났단다. 실패 또한 내가 배움을 얻기 위한 하나의 수단일 뿐이야. 그래서 우리는 실패했을 때 나를 자책하는 것이 아니라 이 상황에서 내가 무엇을 배울 수 있을까? 라고 생각해야 한단다. 그럼 실패가 더 나은 미래를 위한 피드백이 된단다."

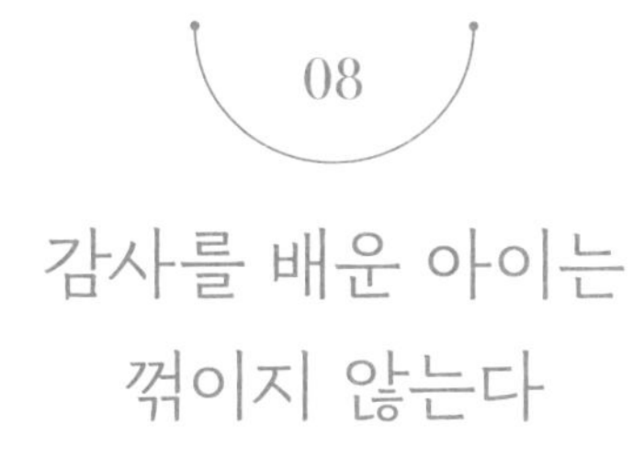

08 감사를 배운 아이는 꺾이지 않는다

퇴근하고 집으로 돌아왔다. 둘째가 "엄마, 내일 소풍인데 김밥 재료 사 왔어요?"라고 물었다. 휴대전화에 메모해 놓고 아침에 확인도 했는데 오늘따라 직장에서 신경 쓸 일이 많아서 잊어버렸다. "어떡해. 엄마가 오늘 너무 바빠서 깜박했네." 둘째는 울상이 되었다. "엄마가 소시지 문어 해 준다고 하셨잖아요."라고 말하는데 너무 미안했다. 그래서 불이 나게 마트에 가서 김밥 재료와 소시지, 간식과 음료수를 사 왔다. '미리 주문해서 배송시켰으면 좋았을 걸.' 하는 후회가 물밀 듯 밀려왔다.

코로나로 인해 혜택 받은 것 중의 하나가 택배 시스템 발달로 내가 주문한 물건이 더 빨리 온다는 것이다. 아침 7시면 신선한 채소부터 아이의 준비물까지 출근 전에 받아 볼 수 있게 되었다. 직장에 다니다 보면 가장 부족한 것이 시간이다. 아침에 일어나서 아침 식사 챙겨야지, 출근 준비해야지, 등교하는 아이들 챙겨야지, 갑작스러운 일정까지…. 잠시 정신을 놓으면 어느새 아이의 준비물 사는 것을 잊어버릴 때가 종종 있다. 요즘에는 전날이라도 택배를 이용할 수 있어서 배송 물건을 받을 때마다 매번 감사하다는 생각이 들었다.

아침에 택배가 오면 아이들이 문밖에 가지러 간다. 처음에 아이들도 "엄마, 이렇게 이른 아침에 택배가 배달되면 택배 기사님 잠은 주무시는 거예요?"라고 물었다. 이른 새벽에 일어나서 배달하시기도 하고 밤새 택배를 배달하시기도 한다고 말하니 첫째가 "우리가 아침에 편하게 택배를 받을 수 있는 것은 다 택배를 배달해주시는 기사님 덕분이네요. 그렇게 생각하니 정말 감사하다는 생각이 들어요."라고 말했다. 아이들에게 "그럼 우리가 택배 기사님에게 감사하다는 마음을 전할 방법이 무엇이 있을까?" 하고 물었다. 둘째가 "엄마, 우리가 힘내시라고 편지랑 음료수 현관 손잡이에 매달아 놓으면 어때요?"라고 말했다. 그래서 내가 좋은 생각이라면서 그날 저녁 현관 손잡이에 감사한 마음을 담은 편지와 음료수를 매달아 놓았다. 다음 날 아침, 아이들은 '택배 기사님이 언제 오실까?' 하는 궁금함에 일찍 일어나 택배가 배달될 때까지 기다렸다. 드디어 택배 배달 기사님이 오셨다. 아이들은 문을 열고 나가 큰 소리로 "감사합니다."라고 말했다. 택배 배달 기사님이 편지와 음료수를 보시고 자신이 더 감사하다며 함박웃음을 지으셨다.

학교에서 전체 메시지가 왔다. 아이들이 운동장에 실내화를 신고 나와서 놀고 있다고 선생님께서 지도 부탁드린다고 말이다. 점심시간이 끝나고 5교시가 시작되었다. 아이들에게 실내화 신고 운동장에서 나가서 놀았냐고 물으니 몇 명이 그렇다고 끄덕였다. 그래서 아이들에게 "너희가 운동장에 실내화를 신고 나가서 들어오면 실내화에 묻은 흙이 다 어디로 갈까?"라고 물으니 "복도와 교실 바닥이요."라고 말했다. 그럼 "복도 청소를 누가 할까?"라고 물으니 학교 청소하시는 분이 한다고 했다. "우리가 이렇게 깨끗한 학교 공간에서 생활할 수 있는 것은 청소하시는 분 덕분이라고…. 그런 감사한 분에게 전해야 하는 것이 내가 청소 안 하니까 더럽혀도 된다는 마음일까? 만약에 우리 부모님이 학교에서 청소하신다고 생각하면 어떨까?"라고 묻는 순간 아이들은 고개를 푹 숙인다. 학교 청소를 해 주시는 것을 당연하게 여기는 순간 우리는 감사하는 마음을 잃게 되는 것이라고…. 세상에 당연한 것은 없다고 말해주었다.

요즘 부모들은 돈을 지불하고 받는 서비스는 당연히 내가 누려야 하고 내가 그에 합당한 금전적인 지급 했으니 상대방을 막 대해도 된다고 생각한다. 그래서 서비스 직종에 있는 사람들을 하대하는 경향이 있다. 당연히 내가 누릴 권리라고 생각하며 상대에게 폭언하거나 다짜고짜 화를 내를 사람들이 한 둘이가 아니다. 그래서 학교에서도 정말 지극히 개인적인 불만으로 학교에 전화하는 부모님들이 종종 있다. 전화를 하시면 1시간이고 2시간이고 자신의 불만을 늘어놓는다고 한다. 그런 부모님이 전화가 올 때면 전화 받는 분들은 심장이 두근두근한다고 한다. 아이가 안전하게 학교에 다닐 수 있고 즐겁게 수업을 받을 수 있고 맛있는 급식을 먹을 수 있음에 감사함을 느낀다면 이렇게 불필요한 말들로 사람을 괴롭힐까 싶다.

2학년 통합 교과서에 우리 고장이라는 단원이 있다. 나는 2학년 아이들과 프로젝트 수업으로 우리 고장 사람들의 직업을 알아보고 감사한 마음을 전하기를 했다. 아이들과 걸어서 우리 고장 곳곳을 둘러보았다. 가게 앞을 지날 때마다 인사하는 아이들을 보시고는 무슨 일로 왔냐고 물어보셨다. 그래서 고장 사람들이 하는 일에 대해 알아보러 왔다고 하면 흐뭇해하시며 하시는 일에 대해 상세히 이야기해 주셨다.

아이들이 세탁소를 지날 때 "선생님, 세탁소 구경하고 가요."라고 말했다. 그래서 세탁소 앞에 섰다. "안녕하세요?"라고 힘차게 인사하는 아이들이 기특한지 세탁소 아저씨께서 수거한 빨래를 어떻게 세탁하는지 세탁한 빨래를 어떻게 다림질하는지 상세히 이야기해 주셨다. 그리고 스팀을 내뿜으며 세탁 다림질을 하는 모습을 보여주셨다. 구겨진 옷들이 금세 새 옷처럼 변하는 모습에 아이들은 환호성을 지르면 손뼉을 쳤다. 그런 세탁소 아저씨에게 감사함을 전하고 떡집 앞으로 갔다. 고소하고 달콤한 냄새가 코끝을 사로잡았다. 우리는 분주하게 떡을 만드시는 아주머니를 한참 쳐다보았다. 각양각색이 떡들이 진열되는 모습에 넋을 잃고 바라보았다. 아이들이 "와, 대단하시다."라고 이야기했다. 그런 아이들이 기특했는지 아주머니께서는 떡을 하나씩 먹어 보라고 주셨다. 아이들이 예의를 지키고 공손하게 인사를 잘한다며 도리어 우리에게 감사함을 전하셨다.

미용실, 마트, 꽃가게 등 다양한 장소에 방문하여 우리 고장 사람들이 하는 일을 살펴보았다. 그리고 교실에 와서 고장 사람들에게 감사함을 전하는 편지를 썼다. 그리고 그분들께 직접 편지를 전했다. 다음 날 출근하는 나에게 아이들이 우르르 몰려왔다.

"선생님, 감사 편지 직접 전해드렸어요. 편지를 드리니 정말 고마워하셨어요. 편지를 전해드리고 나니 저도 기분이 정말 좋았어요."

"감사를 전하면 뇌에서 기분 좋아지는 호르몬이 나온단다. 그래서 감사를 하면 할수록 내가 더 기분이 좋아지는 거란다."

퇴근 후, 학교 옆 마트에 가게 되었다. 마트 계산대에 우리 반 소영이가 전해드린 감사 편지가 계산대에 붙어 있었다. 그날 나는 감사는 세상 모든 사람을 행복하게 만든다는 생각이 들었다.

창의적 체험활동 시간에 아이들과 감사 나누기 활동을 했다. 일상에 감사함을 찾아서 돌아가면서 이야기를 나누었다.

"부모님이 낳아주시고 길러주셔서 감사합니다."

"친구와 놀 수 있어서 감사합니다."

"선생님께서 재미있는 수업을 해 주셔서 감사합니다."

"맛있는 급식을 먹을 수 있어 감사합니다."

"감사하다는 말을 할 수 있어 감사합니다."

다양한 말로 감사를 나누고 서로에게 감사를 나누는 시간을 가졌다. 먼저 칠판에 "훌륭한 너를 만나 감사합니다. 자랑스러운 너를 만나 감사합니다." 문구를 적었다. 그리고 아이들에게 활동에 관해 설명해 주었다. 일어서서 친구를 만나 악수를 하면 한 사람이 "훌륭한 너를 만나 감사합니다."라고 말하면 다른 사람이 "자랑스러운 너를 만나 감사합니다."라고 말하면 된다고 했다. 그리고 몇 명의 친구를 만나 감사를 나누었는지 꼭 세라고 말해주었다. 그렇게 감사 나누기는 시작되었고 아이들은 친구에게 감사를 나누기에 여념이 없었다. 그리고 시간이 되어 아이들에게 자리에 앉으라고 하니 그때 한 아이가 흥분해서 "선생님, 저는 선생님까지 쳐서 20명 모두에게 감사를 나누었어요."라고 했다. 그래서 내가 너에게 감사의 선물을 주겠다고 하니 환호성을 질렀다. 아이들에게 감사를 나누니 어떤지 물어보았다. 대부분 아이들은 "감사하다고 말하니 기분이 좋고 감사하다고 들으니 더 기분이 좋았어요.", "감사라는 말을 오늘 20번이나 해서 정말 좋았어요.", "기분이 아주 좋아요.", "또 감사 나누기 하고 싶어요."라고 말했다. 3월 초 자신의 부정적인 감정을 자주 표현하던 인수가 "평소에 감사를 나누어 본 적이 없어 조금 어색했어요."라고 말했다. 그런 인수에게 "선생님도 처음 감사 나누기 할 때는 정말 어색했단다. 그런데 계속하다 보니 감사가 현재를 얼마나 행복하게 만드는지 알게 되었단다. 인수도 선생님과 감사 나누기를 계속하다 보면 알게 될 거야."

그날 오후 인수가 교실로 왔다. 나는 무슨 일이 있는가 싶어서 "무슨 일 있어?"라고 물어보았다. 그런 인수가 가방에서 무언가를 꺼내서 수줍게 나에게 주었다. "선생님, 방과 후 교실에서 제가 만든 쿠키예요. 선생님께서 수업도 재미있게 해 주시고 항상 용기 주셔서 정말 감사해요. 오늘이 쿠키 드시고 힘내세요."라고 말했다. 나는 인수에게 고맙다고 말하고 그 쿠키를 한참 바라보았다. 그리고 나는 그 쿠키를 '감사 쿠키'라고 이름을 붙였다.

옛날과 달리 요즘은 물질이 넘쳐나고 편리한 세상이 되었다. 원하는 물건뿐만 아니라 무엇이든 쉽게 얻는 경우가 많다. 그래서 우리 아이들은 자신에게 주어진 것을 너무나도 당연하게 받아들이기 쉽다. 우리 집은 몇 평에 살고 차는 무엇이라고 말하는 일상의 흔한 대화를 하는 환경에서 자신이 가지고 있는 것보다 가지지 못한 것에 집중하게 된다. 그리고 그 결핍은 불행을 자아낸다. 일상에 감사함을 아는 아이는 결핍보다는 가진 것에 대한 감사함에 집중하게 된다. 그런 아이는 감사라는 꺾이지 않는 자기만의 무기를 가지게 될 것이며 일상이 행복과 기쁨으로 넘쳐날 것이다.

모든 걸 잘하기보다 강점에 집중하라

고교 학점제가 들어오면서 이제부터는 진짜 성적이 문제가 아니라 적성이 중요한 시대라고 입을 모아 이야기한다. 그럼 많은 엄마가 하는 말이 '우리 애는 특별히 좋아하는 게 없는데요.'라고 말한다. 아이가 특별히 잘하는 것도, 특별히 좋아하는 것도 없어 도대체 적성이 뭔지 알 수가 없다고 한다. 그래서 결국 하는 말은 고교 학점제가 들어오든 그냥 해오던 공부나 계속 시키는 수밖에 없다고 말한다. 부모들이 내 아이의 적성이 뭔지 모르겠다고 말하는 건 일종의 두려움과 막막함이 작용하기 때문이 아닌가 하는 생각이 들었다. 나도 첫째가 올해 중3이니 내년에 고교 학점제가 처음 시행되는 고1이 된다. 일선에 있는 교사로서 고교 학점제에 대해 연수도 듣고 고교 학점제가 시범적으로 시행되고 있는 고등학교 교육 설명회도 참석해 보았다. 그런데 알수록 막막하다는 생각이 들었다. 다른 부모들 마음도 똑같지 않나 하는 생각이 들었다. 나름 아이의 적성인가 싶어 선택했는데 해보니 아니더라면서 다시 다른 길로 가겠다는 하면 그때 어떻게 해야 하나 하는 두려움, 내가 가보지 못한 길을 아이에게 어떻게 안내해줘야 할지에 대한 막막함이 아닐까 싶다.

부모님 세대는 물론이고 우리 세대도 대부분 자신의 적성이 무언지 잘 모르고 평생을 살아왔고 설령 자신의 적성을 알고 있다 하더라도 그것을 살리기보다는 경제적으로, 현실적으로 포기하고 부모님이 말씀하시는 대로 선택하고 사는 경우가 더 많았다. 특히 취업 시장에서 불리한 분야를 공부하고 싶어 하는 자녀들에게 부모들은 취업이 잘되는 학과를 선택하라고 종용했다. 자녀 또한 자기 뜻과 상관없이 부모가 권하는 대학, 학과를 지원하며 졸업 후 부모가 원하는 대로 안정된 직장을 얻어 평범하게 생활하는 것을 순리라고 생각했다. 그래서 안정적인 공무원이 인기를 누리게 되었다. 그러나 어느덧 시대가 바뀌어 개인의 삶에 대한 측면이 강조되고 성공에 대한 개념도 확 바뀌면서 남보란 듯이 잘 사는 것보다 자신이 만족하는 삶을 사는 것이 행복인 세상이 되었다.

그러나 아직도 대학 지망을 놓고 부모와 자녀 간에 신경전을 벌이는 경우가 있다. 특히 부모가 안정적인 직업을 선호하는 경우 성적이 잘 나온 자녀에게 교대를 권유하는 경우가 많다. 부모는 교대를 보내고 싶은데 자녀는 결코 교대는 적성에 맞지 않는다며 가지 않겠다고 하는 경우 부모는 모든 인맥을 끌려들어 자녀를 교대에 보내고자 노력을 한다. 그래서 실로 교직에 있는 지인에게 우리 아이 좀 만나서 설득 좀 해달라고 하는 경우까지 있었다. 그렇게 해서 자녀의 마음을 돌려 선생님이 되었지만, 교직 생활은 얼마 못 감을 예고했다.

어렸을 때부터 남 앞서 서는 것을 좋아해서 연극영화과에 지망하려는 어떤 아들도 교육자였던 부모의 극심한 반대로 진로를 틀어야 했다. 대학 졸업 후 취업도 하지 않고 방황을 하던 아들은 마흔이 다 되어서야 다시 연극 영화과에 들어갔다. 집에서 뒹굴다가도 저녁 7시만 되면 나가는 아들을 따라가 보니 조그만 극장에서 연극을 하는 모습을 보게 된 것이다. 온 힘을 다해 연극을 하는 아들을 보면서 부부는 뒤늦게 깨달았다. 남의 인생을 이끌어 주었던 자신들이 정작 자기 자식의 인생에 가장 큰 허들이 되고 만 것이다.

부모는 자기가 살아온 과정만으로 자식의 미래를 내다봐야 하는 어려운 자리이다. 부모도 막막한 미래가 '자식은 더 막막하지 않을까?' 하는 생각에 길이라도 안내해 줘야겠다는 의무감이 든다. 그런데 자신이 가보지도 못한 길을 내 뱃속으로 나은 귀한 자식에게 안내해 주려니 얼마나 어렵겠는가? 그리고 자식의 인생을 망칠까봐 두렵지 않겠는가? 결국, 부모가 선택하는 것은 자식의 적성을 살려서 가보지 못한 길을 가는 것보다 자신이 걸어온 길을 안내하려고 무진장 애를 쓰게 된다는 것이다.

고교 학점제 이야기를 하면서 첫째가 자신이 가고 싶은 고등학교에 관해 이야기했다. 주위에 있는 고등학교부터 멀리 있는 고등학교까지 장단점에 대해 열변을 토하면서 나에게 이야기를 해 주었다. 그래서 내가 “그럼 고등학교 선택하는 기준은 뭐야?”라고 물으니 어디로 가면 내신을 잘 딸 수 있는지가 기준이라고 했다. “그런 기준은 어떻게 해서 생긴 거야?”라고 물으니 학원 선생님이 세운 것이라고 했다. “그럼 학교 선생님들은 뭐라고 하셔?”라고 물으니 별말씀이 없다고 했다. 그래서 내가 첫째에게 “넌 좋아하는 게 뭐야?”라고 물으니 당당히 “저는 책 읽는 거 좋아해요.”라고 이야기했다. 이어서 “그럼 넌 잘하는 게 뭐야?”라고 물으니 그때부터 얼굴이 시무룩해졌다. 그런 첫째가 나에게 “엄마, 저는 제가 무엇을 잘하는지 아직 잘 모르겠어요.”라고 이야기했다. 그런 첫째에게 내가 이렇게 말했다.

“사실 엄마도 어렸을 때 내가 뭘 좋아하는지, 뭘 잘하는지 잘 몰랐어. 아니 커서도 잘 몰랐어. 그때는 남들이 좋다고 하면 좋아 보이고 남들이 나에게 잘한다고 하면 잘한다고 생각했어. 시간이 흐르고 나서 남들이 내 인생을 그렇게 고민해서 말해주는 게 아니라는 걸 알게 되었어. 결국, 내가 찾아야 진짜를 찾게 되더라고. 정말 웃긴 게 엄마는 엄마 적성을 마흔이 넘어서 찾게 되었어. 그전에는 부모가 시키는 대로 했지 나 스스로 뭘 잘하는지조차 생각해보지 않았거든. 그때 엄마가 제일 먼저 한 일이 강점 찾기였어."

"엄마, 강점이 뭐예요?"

"강점이란 남은 어려워하는데 나는 쉽게 하는 것."

"그렇게 생각하니까 쉽게 떠오르는 것 같아요."

"엄마는 네가 강점을 발견하고 그 강점을 뾰족하게 만들어서 누구도 따라 올해 수 없는 독보적인 존재로 나아갔으면 좋겠어. 그리고 그 일이 사람을 돕는 일이라면 더할 나위 없이 좋을 것 같아. 그리고 서두를 필요가 없어. 너 자신에 관해 공부하는 시간이 많으면 많을수록 선명한 해답이 나타날 거야."

모든 아이는 다 강점이 있다. 그런데 우리나라 모든 아이의 목표가 좋은 대학이나 좋은 학과에 가는 것이다. 그러다 보니 자신의 강점을 찾아볼 필요도 찾아볼 여유도 없었다. 그리고 강점을 찾기보다는 모든 것을 다 잘해야 한다는 생각으로 약점에 집중했고 그 약점을 강점으로 끌어올리려고 부단히 애를 쓴다. 결국, 아이들이 사회에 나와서 마음속 깊이 새겨진 것은 약점뿐이다. 그 생각은 스스로가 '난 공부도 못하는데 잘하는 것도 없는 쓸모없는 아이'라는 생각에 아이의 자존감을 한없이 무너뜨린다.

나는 처음 발령받았을 때 아이들과 수업하고 활동하는 것은 참 좋았다. 하지만 급한 성격 때문에 꼼꼼하게 일을 처리하는 것이 어려웠다. 그래서 똑같은 일을 몇 번이고 반복해야 했다. 그럴 때마다 나에게 '난 왜 모양이지?'라는 생각이 들었다. 4절지에 글을 쓸 때도 미리 선을 그어놓고 쓰면 될 텐데 그게 귀찮아서 그냥 쓰다가 삐뚤빼뚤하게 써서 다시 쓴 적이 한두 번이 아니었다. 그리고 정리 정돈하는 습관이 들지 않아서 문서들을 그때그때 정리하지 않고 쌓아두다가 필요할 때 찾지 못해서 또 처음부터 일을 다시 하는 나를 볼 때면 짜증이 났다. 이런 일이 반복될수록 '내가 교사로서 부족한 건 아닌가?'라는 생각이 들었다.

이런 생각이 들 때쯤 도움반 선생님께서 교무실에서 학교 게시판의 안내문을 만들고 계셨다. 지금은 컴퓨터 프로그램을 이용해서 안내문을 만들지만, 그 당시에는 손으로 직접 써서 만들었다. 커다란 종이에 연필로 선을 미리 그으시고 글자의 위치까지 연필로 모두 표시를 한 다음 매직을 이용해 글을 쓰셨다. 그리고 필요한 부분을 자르기 전에 칼의 심부터 새것으로 바꾸시고 자르셨다. 나는 그 모습을 넋 놓고 바라보았다. 깔끔하게 만들어진 안내문을 보고 감탄할 수밖에 없었다. 도움반 선생님의 모습을 보면서 나와 선생님을 비교하기 시작했다. 급기야 나는 '교사 자격이 없나?'라는 생각까지 들었다. 아무것도 안 하고 나를 비난하기에는 내가 너무 안쓰러워서 한번 고쳐보자고 마음을 먹었다. 그날부터 나는 일을 하기 전에 미리 생각하고 정리는 그때그때 하자고 마음먹었지만, 생각보다 쉽지가 않았다. 머릿속에서 '화정아, 대충 해. 그렇게 살면 피곤해.'라는 말이 계속 들리는 것 같았다. 정리 정돈은 나의 마음속 숙제로 계속 남아 있었다.

어느 날, 도움반 선생님께서 운동장에서 아이들과 체육 수업을 하는 나를 보면서 "선생님은 어쩜 아이들과 이렇게 재미있게 체육 수업을 하냐면서…. 아이들이 너무 즐거워 보여요. 저는 체육 수업이 제일 어렵더라고요."라고 말씀하셨다. 그때 깨달았다. 사람마다 강점이 다르다는 것을 말이다. 내가 나의 약점에 집중하니 나는 잘하는 것이 하나도 없는 사람이 되어있었다. 하지만 내가 나의 강점에 집중하면 나는 잘하는 것이 많은 사람이 된다는 것을 알게 되었다. 그리고 나의 약점은 치부가 아니라 나의 소중한 한 부분이라는 것을 알게 되었고 그런 나를 스스로 존중하게 되었다.

적성을 찾아야 한다는 일념 하나로 아이들에게 이것저것 사교육을 시킨다고 강점을 찾을 수 있는 것이 아니다. 성적도, 적성도, 강점도 모두 다 잘하기를 바라는 마음에 이것도 해야 할 것 같고 저것도 해야 할 것 같고 결국에는 학원순례를 하는 것이다. 아이가 시간에 쫓길수록 자신의 강점을 들여다볼 시간은 더더욱 사라진다. 엄마들은 고교 학점제가 도입되면서 할 게 더 많아졌어요. 내신도 챙겨야 하고 수능도 챙겨야 하고 거기에다 적성까지 뭐든지 다 잘해야 하는 만능만을 원하는 사회가 되는 것 같다며 하소연한다. 그러면서 "그럼 이제 무슨 학원을 더 다녀야 하죠?"라고 묻는다.

나조차도 태어날 때부터 '나는 선생님이 될 거야.'라고 생각하고 선생님이 된 것이 아니다. 선생님들에게 물어보면 100명에 1명 정도 어렸을 때부터 선생님이 되고 싶어서 교대에 갔다고 말한다. 나머지 선생님들은 수능치고 성적에 맞춰서 왔어요, 부모님이 권해서 왔어요, 직업 중에 가장 안정적이라서 왔다고 이야기한다. 선생님이 되고 싶어서 왔으나 적성에 잘 안 맞는다고 하는 분도 있고 점수에 맞춰서 왔는데 적성에 잘 맞는다고 하시는 분도 계신다. 이쯤 되면 어렸을 때 자기가 무엇을 잘하는지 꼭 짚어내서 그 길로 나가는 사람들이 얼마나 될까 싶다. 부모들은 아이에게 무엇이든 잘해야 한다고 재촉하는 대신 부모 자신의 강점은 무엇인지 곰곰이 들여다보았으면 좋겠다. 그럼 아이들의 강점을 찾을 수 있는 길이 보이지 않을까 싶다.

#

5 장

나는 어떤 부모가 되어야 할까?

자신의 마음을 리딩하고 행동을 리드하라

내가 결혼을 하고 첫 보금자리는 공무원 아파트에서 시작했다. 사회생활을 한 지 2년이 채 되지 않아 결혼했으니 장남, 장녀인 우리는 모아 둔 돈도 부모님께 손을 벌릴 염치도 없었다. 그 당시 우리는 새로 지은 공무원 아파트에 산다는 것이 행운이라고 생각했다. 1년 후, 아이를 낳고 육아 휴직을 했을 때 남편 혼자 벌어주는 돈으로 살림을 해 나가야 했다. 3년 차 교사 월급은 참 적었다. 교사가 연금이 뭐니 하면서 둘이 벌면 중소기업이라는 말은 피부로 전혀 와닿지 않았다. 그렇게 나는 허리띠를 졸라맬 수밖에 없었다. 하루는 친정아버지가 나를 보더니 "우리 딸 좋은 시절 다 갔네. 남부럽지 않게 키웠는데 결혼해서 이리 아등바등 살 줄 누가 알았겠냐면서." 허허하고 웃으시면서 너 먹고 싶은 거 있으면 사 먹으라고 하시면 내 손에 용돈을 쥐여 주셨다. 그 용돈을 받으며 드는 생각이 '내가 아등바등 살고 있나?'라는 생각에 내 처지를 보며 순간 나도 모르게 우울해졌다. 남부럽지 않게 키워서. 남부럽지 않게 시집보내서. 남부럽지 않게 잘 사는 것. 도대체 이 남은 누굴까?

우리는 어쩌면 나를 정의하는 모든 기준을 남의 시선에 두고 생각하고 있는지 모른다. 나 스스로 '나는 이러이러해' 가 아니라 다른 사람이 '너는 이러이러해'라고 말해주는 것에 익숙해져 있다는 생각이 들었다. 아이 키우는 것도 마찬가지이다. 아이가 자라는 모습에 기쁨과 보람을 느끼면서 나도 함께 성장하는 것이 육아의 목표이자 즐거움이지. 남에게 '너 아이 잘 키웠네'라는 말을 들으려고 키우는 것이 아니다. 남의 부러움을 사기 위해 아이를 키우는 것이 아니라 그냥 내가 좋아서 키우는 것이다.

친한 동생이 결혼을 했다. 친한 동생은 최대한 빨리 아이를 가지고 싶다고 했다. 그래서 육아에 대해 미리 공부하고 싶다며 나에게 어떤 육아 책이 좋으냐고 물어보았다. 내가 웃으면서 "아이를 낳기 전에 육아에 대해 미리 알아두는 거 진짜 중요해."라고 말했다. 친한 동생은 "언니, 저는 '엄마가 처음이라서', '엄마가 서툴러서'라는 말이 가장 싫어요. 아이를 키우는 일이 얼마나 중요한 일인데 그런 말로 부모의 잘못을 정당화하고 싶지 않아요."라고 말했다. 그래서 아이를 가지기 전에 육아에 대해 미리 알아 두고 싶다고 했다. 아이를 가지기 전에 육아에 대해 미리 알고자 하는 친한 동생이 참 현명하고 대단해 보였다. 그래서 내가 육아의 시작점은 '우리 아이를 어떻게 잘 키울 것인가?' 아니라 '나는 누구인가?'에 대해 생각해 보면서 자신에 대해 알려고 애쓰는 것이라고 말했다. 친한 동생이 눈을 동그랗게 뜨며 "아이를 키우는데 왜 나를 알아야 해요?"라고 물어보았다. 나는 이렇게 대답했다.

"결국 '내가 누구인가?'라는 질문이 '나는 어떤 부모가 될 것인가?'로 이어지기 때문이야. 내가 누구인지 잘 알면 넘쳐나는 육아 정보 속에서 흔들리지 않고 자신의 선택에 자신감을 가질 수 있어. 그리고 남과 비교하는 불상사를 막을 수 있지. 그래서 '내가 누구인가?'에 대한 질문이 없이 아이를 키우는 건 깜깜한 밤 불빛이 없는 길을 걷는 것과 같아. 깜깜한 밤에 불빛이 없다면 한 발 내딛는 것조차 두렵지 않겠어. 그렇게 두려움이 나의 마음을 짓누르는 순간 걱정이 나를 옥죄기 시작하는 거야. 그럼 아이와 행복으로 보내야 하는 시간을 두려움과 걱정으로 보낸다면 당연히 육아가 행복하지 않겠지?"

나도 부모가 되기 전에 '나는 누구인가?'에 대해 먼저 생각을 해야 한다는 것을 몰랐다. 몇 십 년을 가정과 학교에서 가르침을 받고 배웠지만 아무도 나에게 이런 질문을 해주지 않았다. 또한 '나는 누구인가?'에 대한 고민이 '어떤 대학을 갈 것인가?', '어떤 직업을 가질 것인가?' 더욱 훨씬 더 인생에서 중요하다는 것을 말이다. 아이를 키우면서 불안과 걱정에 흔들릴 때마다 정말 괴로웠다. '어떻게 하면 아이를 잘 키우지?'에 초점을 맞추다 보니 매번 나의 선택은 탐탁지가 않았다. 그렇게 시행착오를 겪으면서 결국 내가 제일 끝에 닿은 질문이 '나는 누구인가?'였다. 나를 알아가면서 얼마나 울었는지 모른다. 내가 나에 대해 너무 모른다는 무지함에 울고, 길을 잃은 어린아이처럼 두려움에 떨고 있었던 나를 보고 울고, 내가 나를 가치 있는 사람이라고 여기지 못하고 있음에 나는 속으로 울부짖었다. 그때 알게 되었다. 나를 믿고 나를 사랑하고 나를 귀하게 여기는 것이 인생에서 가장 중요한 일이며 자존감과 연결되어 있다는 것을 말이다.

경쟁으로 이루어진 우리 사회에서 자존감 높이는 것 자체가 쉽지 않다. 어렸을 때부터 점수로, 학교로, 부로 사람의 가치를 매기는 풍토 속에서는 우리가 높을 수 있는 것은 자존감이 아니라 열등의식뿐이었다. 이런 열등의식과 함께 수반되는 것이 비교이다. 자존감을 떨어뜨리는 건 주로 비교에서부터 시작된다. 타인과 비교 속에서 항상 우위에 있을 수가 없다. 결국, 다른 사람에 비해 뒤처진다는 생각으로 살게 될 수밖에 없으며 이런 생각이 지속하면 자존감은 바닥을 치게 된다.

육아 휴직 후 아이와 온종일 집에만 있게 되니 내가 마치 쓸모없는 존재처럼 느껴지곤 했다. 학교에 출근할 때는 내가 열심히 하면 나를 칭찬해 주고 나를 좋아해 주는 아이들이 있었기에 내가 자존감이 낮다는 생각을 해본 적이 없었다. 그런데 육아 휴직을 하는 순간, 자존감이 점점 떨어진다는 생각이 들었다. 아무도 나에게 잘한다고 칭찬을 해주지도 않았고 아이도 내 마음같이 키우기 어렵다는 생각에 스스로 한계를 만들기 시작했다. 그리고 아이와 나는 완전 다른 객체임에도 불구하고 아이와 나를 동일시하며 아이가 잘하는 것이 나의 명예가 되고 대리 만족의 수단으로 여겨지기 시작했다. 여기서부터가 불행의 시작이었다. 그래서 아이를 키우기 전에 가장 먼저 해야 하는 것은 나의 마음을 리딩하는 것이다. 내가 어떤 생각을 하는지 어떤 말을 하는지 자신을 관찰할 필요가 있다. 어쩌면 아이를 키우는 것이 힘든 것이 아니라 내가 나를 잘 모르기 때문에 힘들다는 생각이 들었다. 지금 육아가 힘들고 우울감이 든다면 지금이 행동할 시점이다.

과거에 나를 힘들게 했던 모든 것을 용서하고 놓아주어야 한다. 부모를 용서하고 친구를 용서하고 주위 사람들을 용서해야 한다. 이것이 나를 사랑하는 첫 번째 길이다. 아이를 키우면서 알게 되었다. 나는 기억조차 나지 않는 말과 행동이 아이에게는 상처가 되었다는 것을 말이다. 어쩌면 부모도 나에게 상처를 주기 위해 했던 말과 행동이 아닌데 우리 스스로 상처라고 해석하고 받아들여졌는지 모른다. 세상에 나를 낳아 주신 부모님이 없었더라면 우리는 사람으로 태어나고 새 생명을 만날 기회조차 없었을 것이다. 나를 세상에 나오게 해 주신 것만으로도 감사히 여길 때 우리는 현재를 감사하게 된다. 나는 매일 말한다.

"우리 아이들은 잘 자란다. 그리고 나는 이 사실을 믿는다."

나는 매일 나와 우리 아이들의 모습을 눈부신 미래를 상상한다. 그런 미래를 상상하면 마음이 풍요로워진다. 선명한 미래가 있으니 두려움도 걱정도 없다. 우리 아이들은 잘 클 것이고 나는 행복하다는 생각들로 가득 채우기 때문이다. 아이들은 매일 도전하고 실패하고 성취함으로써 배우고 성장하는 존재이다. 부모의 품을 떠나 사회로 나아갔을 때 또 다른 시련들이 쓰나미처럼 밀려오는 순간이 있다. 그럴 때면 나도 나를 믿지 못할 때가 있다. 그때 빛을 발하는 것이 바로 믿음이다. 그런 믿음을 아이에게 주려면 나 자신부터 믿어야 한다. 그래야 '나는 할 수 있다.'라는 생각이 들고 행동하게 된다. 내 눈앞에 펼쳐지는 현실은 행동해야만 변화한다. 그 행동의 근원이 바로 "나는 할 수 있다."라는 가능성에 대한 믿음인 것이다.

30년 교직 생활을 하신 선생님들이 하나 같이 하시는 말씀이 우리가 아무리 학교에서 아이를 긍정적으로 변화시키려고 부단히 애를 써도 부모가 변하지 않으면 아주 조금 미세하게 변하긴 하지만 제자리걸음이라고 말씀하신다. 하지만 부모가 생각을 바꾸고 행동을 달리하면 아이는 정말 금방 변한다고 하나 같이 입을 모아 말씀하신다.

나도 아이의 문제 행동을 바꾸려고 애쓰기보다는 부모의 마음을 돌리는데, 안간힘을 쓴다. 부모의 마음을 돌리는 순간 아이는 변화가 일어나기 때문이다. 아이들에게 가장 영향을 크게 미치는 것은 부모이다. 우리는 아이의 마음을 리딩하고 행동을 리드하기 전에 부모가 자신의 마음을 리딩하고 행동을 리드해야 한다. 그럼 아이는 부모가 바라는 행복한 아이로 잘 자라고 있을 것이다.

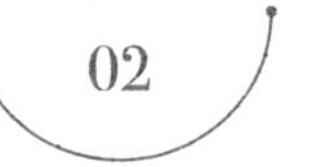

말 몇 마디로 아이를 변화시키겠다는 욕심을 버려라

친한 지인 아이가 올해 초등학교에 입학했다. 지인의 아이가 다니고 있는 학교는 학부모 공개수업을 4월 초에 한다고 했다. 나는 속으로 '학부모 공개수업을 빨리하네. 1학년은 아직 학교 적응도 안 되었을 텐데….'라고 생각했다. 지인은 나에게 학부모 공개수업 갈 때 알아 두어야 할 게 있냐고 물었다.

"학부모 공개수업은 우리 아이가 잘하나 못하나 평가하러 가는 게 아니라 아이의 모습을 관찰하고 잘하는 부분은 격려하고 부족한 부분은 개선하기 위한 계기일 뿐이야. 그래서 가장 중요한 것은 다른 아이와 우리 아이를 비교하지 않는 부모의 마음이야. 특히 1학년은 처음 학교에서 학부모 공개수업을 하니 얼마나 기대되겠어? 6학년이 되어도 부모님이 공개수업 온다고 하면 기대하는

데 말이야. 모든 아이가 부모님 앞에서 잘하고 싶고 칭찬받고 싶어해. 그래서 모두가 자기 방식대로 노력한다는 것을 알았으면 좋겠어. 네가 해야 할 것은 열심히 수업에 참여한 아이에게 격려해 주고 오면 돼."

지인은 아이를 관찰하고 꼭 격려해 주고 오겠다고 했다. 그리고 학부모 공개수업을 다녀온 날 나에게 전화가 왔다.

"언니, 저 너무 속상해요."

"오늘 학부모 공개수업 간다고 하더니 무슨 일 있었어?"

"네. 한 명씩 돌아가면서 자기 생각을 발표하는 수업이었는데 저희 아이가 다른 아이 말할 기회를 주지 않더라고요. 선생님이 다른 친구에게 관심을 주시면 "저요! 저요! 저 시켜주세요." 늘 끊임없이 말하더라고요. 선생님이 말씀하시는 중간중간 끼어들어 수업 시간과 관련 없는 얘기만 했어요. 심지어 그 많은 학부모가 있는데도 혼자 일어나서 돌아다니면서 소리를 지르기도 했어요. 저희 아이의 수업 방해 행동이 너무 심해서 공개수업도 겨우 진행할 수 있었어요. 저는 그 모습을 보고 얼마나 얼굴이 화끈거리던지…. 이제 어떻게 해야 하나요? 한숨만 나와요."

"선생님과 상담은 해봤어?"

"공개수업 후 상담을 하고 싶었는데 선생님께서 수업이 있으셔서 마치고 상담을 하기로 했어요."

"너는 너희 아이가 이런 행동을 하는 줄 알았어?"

"말이 많고 에너지가 많다고 생각했지. 이 정도로 심각한 줄은 몰랐어요."

요즘은 부모님과 상담을 하면 제일 많이 하는 말이 "저희 아이가요?", "그런 말 처음 들어보는데요?", "저희 아이가 그렇게 심한가요?"이다. 정작 부모님은 아이가 어떤지 잘 모르는 경우가 너무나 많다. 부모가 맞벌이하고 아이와 있는 시간이 적어진 탓도 있지만, 학원을 뺑뺑이 돌고 집에서 게임으로 여가를 보낼 때는 부모도 아이의 모습을 관찰할 기회가 많이 없는 것이다. 어디 기관에 보내놓기만 하면 아이가 절로 잘 자란다고 생각하는 부모의 안일한 생각도 한몫한다. 그리고 아이에 대한 피드백이 오면 그때부터 아이에게 관심을 두기 시작하는 경우가 허다하다. 그런데 그런 경우는 부모와 아이 사이도 서먹한 경우가 많다. 그리도 부모도 아이에게 어떻게 해야 할지 난감해한다. 그렇다고 부모가 적극적으로 아이와의 관계를 개선하기 위해 행동하는 것도 아니다. 아무리 시간을 내달라고 말하고 상담을 권해도 썩 내키지 않아 하시는 게 현실이다.

학급을 운영하다 보면 문제 행동을 하는 아이의 부모님과 상담을 하는 경우가 많다. 부모님도 걱정이 되어 전화하시기도 하고 행동이 과한 경우에는 내가 전화를 드리기도 한다. 그러다 보니 서로 자주 연락하는 경우가 많다. 그런데 자주 상담을 하다 보면 똑같은 이야기를 계속하실 때가 많다. 어떤 때는 아이가 가정에서 한 짓을 나에게 이르시기도 한다. 부모님 이야기를 다 들어드린 후 훈육하는 방법을 가르쳐드리고 같이 해보자고 하면 도리어 나에게 "선생님, 힘들어 죽겠어요. 도대체 제가 얼마나 해야 하는 건가요?"라고 말씀하신다. 그리고 몇 번 해보고 안되면 아이조차 포기하려고 하신다. 그런 부모님께 나는 이렇게 말씀드린다.

"어머니, 학교에서도 모두 경호를 위해 이렇게 돕고 있는데 어머니가 해보시지도 않고 벌써 포기하실 생각부터 하면 어떻게 해요? 경호는 어머니 아이잖아요. 어머니가 아이를 포기하시면 경호는 누굴 믿고 이 세상을 살아가나요. '언제까지 해야 하나.'라는 생각보다 '오늘 해냈네.'라고 자신을 격려해 주시면서 훈육했으면 좋겠어요. 학교에서도 행동이 단번에 좋아지는 아이는 없어요. 몇 번 말했는데도 그대로일 수 있어요. 몇 번 말한다고 들으면 다른 사람의 도움을 받을 필요가 없죠. 어른들도 지금까지 내가 해 오던 행동을 단번에 고치라면 할 수 있을까요? 담배를 20년간 피우던 사람이 하루아침에 끊으라면 앞이 막막하잖아요. 그래서 담배를 더 끊기 어려운 것처럼 말이에요. 그때는 하루아침에 담배를 끊기보다 목표를 잘게 나누는 거예요. 오늘 하루 목표를 세우고 실행한다는 생각으로요. 하루는 할 수 있잖아요. 하루하루 해나가다 보면 어머니와 경호도 성장해 있을 거예요. 행동에 역사가 길수록 시간이 좀 더 오래 걸린다는 걸 아시고 꾸준히 해나가셔야 해요. 저도 학교에서 같이 도울게요."

아이의 문제 행동으로 인해 힘들어하시는 부모님들과 상담하게 되면 하나같이 "선생님, 몇 번을 말했는데 왜 아직도 안 고쳐질까요? 이렇게 말로만 하면 안 되는 거 아니에요? 본때를 좀 보여줘서 무서워야 말을 듣는 거 아니에요?"라고 말씀하신다. 그러면 내가 "어머니, 때린다고 변하던가요? 때리면 그때는 효과가 있어 보이죠. 뒤에서 더 심한 행동을 하는 경우를 수도 없이 봤어요. 안 때려서 말을 안 듣는 것이 아니라, 말 안 듣는다고 때려서 문제가 생기는 거예요. 그리고 때리는 건 아동 학대예요. 그런 방법은 생각지도 마세요."라고 말한다.

응용 행동 분석학에서 보면 문제 행동은 아이의 기질에 따라 달라지며 부모나 보호자가 아이의 행동에 대해 어떻게 대하는가도 아이가 보이는 문제 행동에 크게 영향을 준다고 한다. 즉, 아이의 행동은 그 행동에 반응하는 부모에 의해 달라지는 것이다. 예를 들어 슈퍼마켓에서 과자를 사 달라고 떼쓰는 아이를 생각해 보자. 엄마는 식사 전이라 과자를 사 주고 싶지 않다. 처음에는 아이에게 좋은 말로 안 된다고 하였으나 아이가 고집을 부리며 과자를 요구하고 있다. 그래도 안 된다고 하면 아이는 점점 더 조르다가 마침에 슈퍼마켓의 물건을 던지고 큰 소리로 울고 떼를 쓰게 된다. 주변에 사람들이 모여들어 엄마와 아이의 실랑이를 웅성거리며 구경

한다. 이때 엄마는 두 가지 방법으로 이에 반응할 수 있다. 첫 번째는 아이의 문제 행동을 참기 힘든 엄마는 아이에게 과자를 사 주고 그 상황을 종료할 수 있다. 두 번째는 엄마는 아이의 행동을 무시하고 끝까지 과자를 사 주지 않을 수 있다. 이렇게 엄마의 다른 반응은 앞으로 그 아이가 다시 슈퍼마켓에서 자신이 원하는 있을 때 떼를 쓸지 안 쓸지 결정한다. 그런데 여기서 아이만 부모의 행동에 영향을 받는 것이 아니다. 부모의 행동도 아이의 행동에 영향을 받는다. 예를 들어 아이가 장난치다가 물건을 깨뜨린 경우, 평소에 어른 말을 잘 듣고 고분고분하게 행동했던 아이와 어른 말을 전혀 듣지 않고 자기 마음대로 행동하는 아이에 대한 엄마의 반응은 매우 다를 수 있다. 이처럼 문제 행동은 아이의 까다로운 기질과 부모의 잘못된 양육방식이 오랫동안 지속하면서 발생하거나 악화하는 것이다. 부모는 지금까지 자신이 해오던 양육방식대로 한다면 아이의 문제 행동이 더 악화될 수 있다는 것을 알아야 한다. 그래서 문제 행동이 오래 지속된 경우에는 전문가의 도움을 꼭 받아야 한다. 전문가의 도움을 받지 않고 원래 자신이 하던 방식대로 행한다면 부모도 아이도 육아 속에서 큰 어려움에 놓일 수 있기 때문이다.

초등학교 3학년이면 생존 수영을 간다. 매년 생존 수영을 가다 보니 안전 수칙이 입에서 저절로 나올 정도이다. 수영장에 가서 꼭 지켜야 하는 것은 천천히 걸어 다니는 것이다. 수영장 바닥이 미끄러워 자칫하면 안전사고로 이어질 수 있고 크게 다칠 수도 있게 때문이다. 그래서 생존 수영을 가기 한 달 전부터 안전 교육을 한다. 그리고 천천히 걸어 다녀야 하는 이유에 관해 이야기하고 어떻게 걷는 것이 천천히 걷는 것인지 복도에서 수영장이라고 생각하고 연습까지 한다. 그렇게 계속 연습하고 또 연습하고 가르쳐서 수영장에 가도 뛰어다니는 아이가 있다. 그때 아이 옆에 가서 "수영장에서 어떻게 다녀야 하지?"라고 질문을 하면 "천천히 걸어 다녀요."라고 이야기한다. 그리고 "네가 다칠 수 있으니 좀 더 천천히 걸어보자."라고 이야기하고 나와 같이 걸어본다. 그리고 다시 한 번 "수영장에서는 지금처럼 천천히 걷는 거야."라고 이야기해 준다. 천천히 걸을 수 있다고 말해주고 격려해 준다. 그렇게 해서 아이가 규칙을 지키면 바로 피드백해 준다. "스스로 천천히 걸어 다니려고 노력했네. 고마워. 내일도 오늘처럼 해보자."라고 말하면 아이는 다음날 나에게 행동으로 화답을 해준다.

아이한테 가르쳐주고 모르면 또 가르쳐 준다는 생각과 기다림이 굉장히 중요하다. 아이에게 가르침을 주지 않고 기다리지도 않으면서 말 몇 마디로 아이가 변화하기를 바라는 것은 욕심이다. 이때 가장 조심해야 하는 것은 부모의 조급함이다. 성인도 행동을 변화하기 위해서 80번의 연습이 필요하다고 한다. 그럼 아이는 어떻겠는가? 그래서 나는 부모에게 100번 한다는 생각으로 시작하라고 한다. 왜냐하면, 모든 일은 서두르다 보면 그르치게 되고 후회하기 때문이다. 아이를 기르는 일이 '그럴 수도 있지'라는 말로 안일하게 생각할 일이 아니지 않은가? 그래서 부모는 기다리고도 또 기다려야만 한다.

아이만 키우지 말고 나를 키워라

친한 동생을 만나기 위해 약속장소에 갔다. 먼저 와 있는 동생을 보며 반가움에 손을 흔드는데 표정이 슬퍼 보였다. 무슨 일 있냐고 물으니 오늘 아침에 아이한테 너 때문에 못 살겠다고 말했다며 집에서 온종일 그 생각만 났다고 말했다. 왜 그렇게 이야기를 했냐고 물어보니 아침에 일찍 일어나서 아침을 준비했는데 아이가 오늘따라 밥을 맛있게 먹어서 너무 기분이 좋았다고 했다. 그래서 밥을 먹은 아이에게 기쁜 마음으로 약을 먹였다고 했다. 그런데 아이가 약을 먹다가 아침에 먹은 밥을 모두 토했다고 했다. 시간을 보니 등원 시간이 다 되어 다시 밥을 먹일 수도 없었고 토한 아이를 쳐다보니 자신도 모르게 화가 났다고 했다. 그래서 내가 아이가 어디 아프냐고 무슨 약을 먹느냐고 물어보니 키 크는 약이라고 했다. 아이가 밥을 잘 안 먹어서 그런지 또래보다 키도 작고 말라서 키 크는 약을 먹인다고 했다. 그럼 오늘은 밥 잘 먹었는데 꼭 약까지 다 먹여야 했냐고 물으니 그제야 나를 쳐다보았다.

"나도 첫째가 어렸을 때 마른 데다가 밥을 잘 안 먹어서 아이가 밥을 먹지 않을 때 애타는 마음 충분히 이해가. 첫째도 내가 억지로 먹이다가 토한 적이 있었거든. 그런데 내가 키워보니까 내가 애가 타서 밥을 먹이다 보면 아이는 정말 식사 시간을 싫어하는 아이로 자란다는 것을 알게 되었어. 가장 중요한 것은 식사 시간이 즐거워야 한다는 거야. 정말 아이러니한 게 아이가 초등학교 고학년만 되어도 살이 쪄서 걱정이지 말라서 걱정할 일은 없더라고."

"등원 시간은 다 되어가는데 아이가 아무것도 먹지 못했다는 죄책감에 더 화가 났던 것 같아요. 결국, 아이는 밥도 못 먹고 아침부터 속상해하면서 유치원에 가게 되었네요. 집에 가면 아이한테 화내서 미안하다고 말해야겠어요. 언니랑 이야기하다 보면 제가 그릇이 참 작다는 생각이 들어요. 마음이 코딱지만 해가지고 맨날 불안해하고 아이와 부딪치는 것 같아요. 아이는 일곱 살이 되기까지 걷고 말도 하고 글도 읽고 유치원도 다니는데 저는 엄마 일곱 살이 되었는데도 아이만큼 못 컸다는 생각이 들어요. 아이만 키울 게 아니라 저도 같이 좀 키워야겠어요."

나도 첫째를 기를 때는 마음의 그릇이 정말 작았던 것 같다. 아이 때문에 웃고 울고 했으니 말이다. 그러던 어느 날, 아이에게 화를 내는 나를 보게 되었다. '왜 이렇게 화가 날까?' 그 질문이 온종일 머리를 맴돌았다. 그리고 책을 펼쳤다. 마음의 안정에 도움이 될까 싶어 스님들이 쓰신 책들을 읽었다. 마음의 위안은 되었지만, 그 책들을 읽을수록 내가 더 작아져만 갔다. 그래서 매일 아침 출근하기 전 새벽에 집 앞 산책로를 걷기 시작했다. 새벽의 상쾌한 공기를 느끼며 나무가 가득한 산책로를 걷는 것 자체가 내 기분을 좋게 만들었다. 기분이 좋으니 나에 대해 집중하게 되었고 나를 바라보기 시작했다. 태어나서 처음 진지하게 나에 대해 생각해 보았다. 항상 타인들만 바라보고 살았던 내가 온전히 나를 만나는 순간이었다. 그 순간 내가 얼마나 다른 사람 눈을 의식하면 살았는지 알게 되었다. 나는 그 시간을 오롯이 나에게 관심을 가지고 알아주고 위로하고 사랑하는 데 썼다. 그렇게 나를 위한 시간을 가지면 가질수록 나는 아이한테 화가 나지 않았다. 그때 알았다. 내가 화가 난 것은 아이 때문이 아니라 '나' 때문이었다는 것을 말이다. 화가 난 내 모습에 스스로 실망을 했던 것이다. 나에게 응원이 필요하다는 것을 깨닫는 순간 나는 다시 태어나는 느낌이었다. 그리고 내가 바라보는 모든 것에 대한 의미가 달라졌다.

오랜만에 후배들을 만나 이야기를 나누었다. 결혼한 지 얼마 안 된 후배들의 화두는 남편과의 갈등이었다. 참 신기하게도 갈등이 심한 부부의 이야기를 듣다 보면 갈등의 패턴이 똑같았다. "상대가 이해가 안 된다. 왜 저렇게 행동하는지 도무지 알 수가 없다. 그래서 결론은 내가 힘들다."이다. 결국, 모든 잘못은 상대방 탓이고 자기 생각만을 고수하며 이야기는 끝난다. 그날도 남편에 관해 이야기하다가 한 후배가 듣고만 있던 나를 보면서 "선배, 선배는 남편과 싸울 때 없어요?"라고 물었다. 그때 나는 '언제 싸웠더라.' 하면서 생각을 하기 시작했다. 사실, 둘째가 태어나고 나에 대해 알게 되면서 남편과 싸워본 적이 없다. 갈등의 원인이 상대가 아니라는 것을 알았기 때문이다. 상대가 변화하기를 바라기 전에 '과연 나는 변화했는가?'라는 질문을 내게 던진 후 나는 할 말이 없었다. 내가 옳고 남편은 그르다며 남편을 변화시키겠다고 하는 행위들이 얼마나 이기적인 행동인지 알았기 때문이다.

30년 부부 상담을 하신 소장님께서 이혼을 하네 마네 하면서 오는 부부들과 상담을 해보면 패턴이 다 똑같다고 하셨다. 본인은 결혼하기 전 살아온 방식을 고수하며 상대방에 대해 배우려는 생각조차 하지 않고 상대방이 틀렸다고 하면서 상대방만이 바뀌기를 바란다고 하셨다. 그런 대화는 다람쥐 쳇바퀴 돌 듯이 돈다고 하셨다. 성숙한 부부 생활을 위해서는 희생과 인내 그리고 배려가 필요한데 기본적인 자신에 대한 이해가 없으니 이런 가치들을 수용하고 상대방을 이해하려는 마음의 틈이 없다고 하셨다. 그러니 이혼율이 점점 높아질 수밖에 없다며 안타까워하셨다.

연수에서 선생님들과 함께 자신의 장점을 적어보는 활동을 했다. 다양한 예시를 말씀드리고 자신의 장점에 관해 이야기해 보았다. 그리고 돌아가면서 자신의 장점 이야기했다. 한 선생님께서는 "처음 만나는 사람과 쉽게 친해진다.", "긍정적이다.", "배우는 것을 좋아한다."라고 자신의 장점을 말씀하셨다. 다음 차례 선생님께서 머뭇거리시며 말을 잇지 못하셨다. 연수가 끝나고 선생님께서 나를 찾아오셨다. 혹시 바쁘시냐고 말씀하셔서 시간이 있다고 말씀드리느냐고 이야기를 시작하셨다.

"강사님, 제가 감정의 변화가 없는 사람이거든요. 그래서 지금까지 눈물 한번 흘린 적이 없어요. 그런데 오늘 연수 내내 '내가 감정 변화가 이렇게 심한가?' 하는 생각이 들었어요."

"왜 그런 생각이 드셨어요?"

"장점 찾기를 할 때 아무리 생각해도 제 장점이 생각이 안 나고 저의 싫은 면만 떠올랐거든요."

"어떤 면이 싫으세요?"

"전부 다요."

"선생님은 뭐 할 때 기분이 좋으세요?"

"네? 그런 생각해 본 적이 없어요."

"그럼 오늘 집으로 가셔서 시간이 나면 해보고 싶은 목록을 적어보세요. 그중에서 가장 쉽게 할 수 있는 것부터 하나씩 해보세요. 예를 들어 조용히 커피 한잔 마시고 싶다고 하면 그것부터 해

보세요. 하나씩 기분 좋은 경험을 스스로 만들어 가보세요."

나는 출근하기 전에 나를 위한 시간을 가진다. 출근하고 퇴근하면 아이들 돌보고 나면 정신없이 하루가 지나가고 어느새 밤이 된다. 첫째가 공부하느라고 늦게 자니 공부하는 아이를 놓아두고 잘 수도 없다. 그래서 나만의 시간을 가질 수 있는 시간이 아침 시간밖에 없었다. 그렇게 나는 6시면 눈을 뜬다. 처음에는 알람에 의지했지만, 요즘은 알람이 울기 전에 저절로 눈이 떠진다. 그 시간이 너무나 기다려지기 때문이다. 눈을 뜨자마자 "아침을 맞이하게 해주셔서 감사합니다."라고 말하고 "사랑스러운 화정" 하며 나를 꼭 안아준다. 그리고 이부자리를 정리한다. 세수한 다음 나를 위한 긍정 확언을 하고 책을 읽고 글을 쓰고 명상을 한다. 또 한 달에 한 번씩은 나를 기쁘게 하는 행위를 한다. 아이를 낳고 살다 보면 어느 순간 나에게 쓰는 돈이 참 아깝다. 아이들한테 쓰는 돈은 아깝지 않은데 내 책 사는 돈도 아까워하는 나를 보면서 나를 위한 놀이통장을 만들었다. 나는 월급의 10%는 놀이통장에 넣는다. 그 통장에 넣은 돈은 나를 위해서 쓴다. 나를 위해 책을 사기도 하고 강의를 듣기도 하고 고마운 사람들에게 선물을 하거나 기부를 하기도 한다. 직접 해보니 내가 나를 기쁘게 하는 것이 나를 키워나갈 수 있는 가장 큰 원동력이라는 것을 알게 되었다.

내가 세상에서 가장 사랑하는 사람은 부모님이다. 그리고 유독 우리 아버지는 자식들에게 사랑을 많이 주셨다. 그런 아버지는 항상 자신이 죽기 전 이루고 싶은 목표 3가지를 말씀하셨다. 하도 목표를 자주 말씀하셔서 내가 외울 정도니 그 의지가 대단하셨다. 아버지는 목표만 이야기하지 않으셨다. 자신이 원하는 목표를 이루기 위해 행동하셨다. 얼마 전, 아버지 생신날 자신이 죽기 전에 이루고 싶은 목표 3가지 중 2가지를 이루었다면서 이제 하나 남았다고 하셨다. 그리고 나에게 이렇게 말씀하셨다.

"화정아, 내가 죽음이라는 것이 가까이 다가올수록 인생이 참 단순하다는 생각이 드는구나. 나도 처음에는 '죽기 전에 이루어야지.'라고 생각했는데 죽음에 다가갈수록 드는 생각이 건강할 때 이루어서 누리고 사는 것이 더 행복한 길이라는 생각이 드는구나. 꼭 물질적으로 부유한 것이 행복한 것이 아니라 지금, 이 순간 행복하면 된단다. 오늘처럼 말이다. 지금 네가 간절히 원하는 것이 무엇인지 꼭 생각해 보고 실천하는 삶을 살았으면 한다. 그런 삶을 살다 보면 행복은 저절로 따라온단다."

지금 내가 가장 집중하는 것은 나를 키우는 것이다. 아이를 잘 키우려고만 할 때는 아이와의 관계에서 항상 애쓰고 나만 있었다. 어떤 관계든 애를 쓰다 보면 어느새 제풀에 지치게 된다. 꾸준히 해나갈 수가 없다. 내 그릇이 이미 차고 넘쳐 더 받아들일 여력이 되지 않기 때문이다. 육아를 현명하게 하기 위해서는 나를 키우는 것이 먼저다. 나의 그릇을 크고 단단하게 키워야 무엇이든 내 품에 품을 수 있다. 그다음 큰 품에 품어진 아이는 절로 잘 자란다.

아이는 언제나 나를 보고 있음을 걱정해라

'내 자식은 내 뜻대로 키울 수 있다'라는 굳은 신념을 갖고 키우던 엄마들이 '내 자식은 내 뜻대로 키울 수 없구나.'라고 느끼는 때는 언제일까. 초등학교 때 개인교수부터 개인 운전사까지 자처하며 아이의 공부를 가르치다 못해 동선까지 관리하던 극성 엄마들도 아이들이 중학교에만 들어가면 '아이고, 나는 이제 모르겠다.' 하며 두 손 두 발 다 들고 만다. 거기에다 사춘기까지 심하게 오면 공부는 아예 놓아두고 슬슬 아이 눈치가 보이기 시작한다. 사춘기가 온 아이 눈치를 본다고 하고 싶은 말도 못 하는 자신이 초라하고 한없이 작아지는 느낌이 든다. 공부라도 하고 있으면 방해될까 봐 아이 옆을 맴돌 때 아이가 문이라도 '쾅'하고 닫아버리면 마치 내 마음에 쇳덩이가 '쿵' 하고 떨어지는 기분이 든다. 어렸을 때는 엄마가 세상에 다인 줄 알고 따르더니 이제는 엄마는 안중에도 없는 아이를 보며 내가 낳은 자식 맞나? 하는 생각까지 든다.

엄마의 삶을 살아가다 보면 쳇바퀴처럼 돌아가는 듯하면서 바쁘다. 책 한 권 읽고 싶어도 지속해서 신경 써야 하는 일들이 시시때때로 생겨 마음 편히 책 한 권 읽을 시간이 나지 않는다. 아이들이 잘 때 읽으면 된다고 생각하지만, 같이 잠이 들지 않으면 다행이다. 그나마 천운으로 아이들 재워놓고 나오면 집안일이 보인다. 집안일 놓아두고 책 읽으면 되지 싶지만 그게 잘 안된다. 결국, 집안일을 하고 있다. 집안일을 끝내고 책을 펴면 어찌나 잠이 억수같이 쏟아지는지 이럴 바에는 잠이라도 푹 자자 싶은 생각에 책을 덮고 자고 만다. 어떤 날은 아이들이 일찍 자서 책을 펴면 아이가 자다 깨거나 갑자기 열이 나는 경우도 생긴다. 어느 순간 책 읽기는 포기하게 된다.

코로나가 막 시작될 무렵 나는 육아 휴직을 했다. 둘째가 1학년 입학할 때 마지막으로 육아 휴직할 생각에 쓸 수 있는 육아 휴직 1년을 고이 모셔 놓았다. 사실은 둘째 학교 보내 놓고 내가 하고 싶은 것을 마음껏 해보자는 워킹맘의 보상 심리가 들어있었는지도 모른다. 결혼 후, 지금까지 애 보고 일하고 남편 뒷바라지까지 하면서 외출 한 번 내 마음대로 못한 나에게 자유라는 보상을 주고 싶었는지 모른다. 아이가 초등학교 1학년 때 육아 휴직을 하는 워킹맘들이 하나 같이 하는 말이 "몸과 마음이 너무 편하다면서. 집에 있는 게 이렇게 편할 수가 있냐며 오전에 집안일 좀 하고 나면 할 일이 없다고. 자유를 만끽하는 이 기분을 지금 아니었으면 평생 몰랐을 거라면서." 육아 휴직의 당위성을 입이 닳도록 말한다. 나도 부푼 마음을 안고 12월 휴직신청서에 도장을 찍고 나니 한 달 후 코로나가 터졌다. 그렇게 나는 아이들과 온종일 집 안에 있게 되었다. 하루 세끼 밥 먹고 설거지하고 집안일을 하다 보면 하루가 다 갔다. '내가 상상한 육아 휴직은 이게 아닌데….' 하면서 허탈한 웃음만 나왔다.

나는 육아 휴직 1년 동안 하고 싶은 것이 책 100권 읽기, 한국사 검정 능력 1급 자격증 따기, 매일 운동 1시간이었다. 나에게 지적 능력을 기를 수 있는 시간을 주고 싶었다. 문득 아이들이 있다고 못 할 이유가 없다는 생각이 들었다. 그래서 나는 식탁 위에 책을 펼쳤다. 처음에는 내가 공부할 방이 없다는 게 조금 아쉬웠는데 내가 식탁에 앉아서 공부하기 시작하니 아이들도 내 곁에 와서 책을 읽기 시작했다. 처음에는 공부하는 엄마가 신기했는지 기웃기웃하더니 나중에는 내가 아무 말 없이 책을 펴면 아이들도 책을 펴기 시작했다. 육아 휴직 동안 나는 책을 100권 넘게 읽고, 한국사 검정 능력 1급 자격증도 따게 되었다. 그리고 매일 1시간 아이들과 함께 등산, 배드민턴, 줄넘기, 걷기 등을 번갈아 가며 운동을 했다. 아이들과 운동을 같이 하면서 대화도 많이 나누고 추억도 쌓게 되었다. 나는 육아 휴직이 끝나고 나서도 퇴근 후, 저녁을 먹고 설거지를 하고 나면 식탁에서 책을 읽거나 글을 썼다. 초등학교 저학년인 둘째조차도 말없이 내 옆에 와서 공부하기 시작했다. 퇴근 후 공부하는 것이 일상이 되었고 책을 쓰기 위해 평일에는 둘째와 도서관에 갔다. 그리고 주말이면 자격증 공부를 위해 아침 일찍 첫째와 도서관에 갔다. 올해 4월 국제공인행동분석가 자격증을 따게 되었고 첫째 또한 자신의 공부를 주도적으로 해나가게 되었다. 내가 한 행동이 모두에게 플러스로 작용을 하게 된 것이다.

주말 부부인 내가 지역이 다른 곳으로 발령을 받게 되면서 1시간 넘는 거리를 출퇴근해야 했다. 그래서 아침 일찍 출근해야 해서 시어머니 도움을 받게 되었다. 시어머니께서 우리 집에 오신 뒤 일주일이 지나고 하시는 말씀이 "난 더 올 필요가 없겠다."라고 하셨다. 그 말을 듣는 순간, '어머니가 왔다 갔다 하신다고 너무 힘드신가?'라는 생각에 너무 죄송했다. 그래서 "어머니, 왔다 갔다 하시느라 많이 힘드시죠?"라고 여쭤보니 시어머니께서 손사래를 치시며 나는 하나도 안 힘들다며 너희 집 아이들이 자기 할 일을 스스로 알아서 해서 도와줄 게 없다면서. 며느리가 어떻게 아이들을 교육했길래 아이들이 손댈 때 없이 이렇게 잘하냐고 말씀하셨다. 그 말을 듣는 순간 안도의 한숨을 쉬었다.

습관을 들일 때 가장 중요한 것은 자발성이다. 강제성은 처음에는 하는 것처럼 보이나 끝까지 해나가는 힘이 없다. 하지만 자발성은 마음먹기까지 시간이 좀 걸리지만, 마음을 먹기만 하면 끝까지 해나가는 힘이 크다. 가정환경에서 지적 자극을 받을 수 있다면 자발성을 기르는데 더욱 효과적이다. 그래서 나는 학교에서도 아침 독서 시간이면 아이들과 같은 책상에 앉아서 독서를 한다. 내가 책을 읽고 있는 모습을 보면 내가 책 읽으라고 말하지 않아도 아이들은 책을 읽고 있다. 그렇게 한 달이 지나면 아이들은 책의 재미를 알게 되고 틈만 나면 시도 때도 없이 책을 꺼내 든다. 이제는 수업 활동이 일찍 끝나 친구들을 기다려야 할 때도 "선생님, 책 읽어도 돼요?"라고 먼저 물어본다. 책 읽는 습관이 저절로 든 아이들은 항상 수업할 자세가 되어있다. 그래서 내가 잔소리할 일이 없다. 알아서 척척 잘하니까. 이것이 자발성의 무한한 힘이다. 하나를 배웠는데 열을 할 줄 아는 것.

급식을 먹다가 3년 동안 우리 반 수업을 하신 선생님께서 "선생님 반 아이들은 항상 공부할 준비가 되어있다면서 내가 3년 동안 지켜보니 선생님 반만 되면 아이들이 공부할 자세를 갖춘다면서. 게다가 선생님을 존중하고 예의가 바르고 배려심까지 많다며. 선생님이 지도를 참 잘하시나 봐요."라고 말씀하셨다. 그래서 내가 "올해 아이들이 전체적으로 유순한 것 같아요. 게다가 사랑스럽기까지 해요."라고 말하니 "그런 것과 상관없이 선생님 반이 되면 다 그렇게 되더라고요."라고 말씀하셔서 내가 "정말요? 칭찬해 주셔서 감사해요. 오늘 자존감 많이 올라가네요."라고 말하면서 웃었다. 사실 내가 지도를 잘하기보다 아이들에게 '이거 해라', '저거 해라' 말하기 전에 내가 먼저 한다. 아이들이 수업 시간을 지켰으면 하면 내가 수업 시간 종이 치기 전에 수업 준비를 하고, 아이들이 수업 시간에 경청하기를 바라면 내가 아이들 이야기에 경청한다. 처음에는 아이들 본보기가 되어야지 하고 했지만, 어느 순간 아이들 덕분에 내가 바로 선 사람이 되어있었다.

정혜신 님이 지은 『당신이 옳다』라는 책을 읽으면서 가장 기억에 남는 문구가 있었다. 바로 '충조평판을 날리지 말고 공감하라.' 이다. 누군가 고통과 상처, 갈등을 이야기할 때는 충고나 조언, 평가나 판단(충조평판)을 하지 말아야 비로소 대화가 시작된다고 했다. 그러나 불행하게도 우리의 일상의 언어는 대부분 충조평판으로 이루어져 있다는 것을 책을 읽으며 알게 되었다.

"그런 생각은 잊어, 너한테 좋아질 게 하나도 없어."-충조
"그럴수록 네가 더 열심히 하고 배우려는 자세를 가져야지."-충조
"긍정적으로 마음을 먹어봐."-충조
"그건 너를 너무 사랑해서 하는 말인 거야."-평판
"네가 너무 예민해서 그런 거 아니니?"-평판
"남자는 다 거기서 거기야, 별다른 사람 있을 줄 아니."-충조평판

이 문장들을 읽으면서 나도 공감이 필요한 아이들에게 충조평판을 날리고 있는 건 아닌가? 하는 생각이 들었다. 그리고 내가 하는 말을 다시 한번 더 점검하게 되었다. 부모와 아이의 갈등은 '말'로 시작된다. 대부분 부모는 걱정이라는 그럴싸한 말로 아이에게 하지 말아야 할 말을 함부로 내뱉는다. 그리고 숱한 상처를 준다. 그 상처는 배가 되어 부모에게 돌아온다는 것은 모른 채 말이다. 그리고 말한다. "너를 위해서야." 어쩜 이것이 일상의 가장 큰 폭력이 아닐까 싶다.

오랜 교직 생활을 하면서 딱 한 가지 깨달은 것이 있다. 바로 나와 같이 있는 시간이 많을수록 아이들은 말과 행동이 닮아간다는 것이다. 1학기만 지나도 나를 닮아 있는 우리 반 아이들이 보인다. 그럼 부모는 어떨까? 아이들을 키울 때 부모가 아이의 거울이라는 말을 절실히 느낄 때가 수도 없이 많았다. 내가 하는 말을 그대로 하는 첫째, 내가 하는 행동을 그대로 하는 둘째를 볼 때면 내 말과 행동에 스스로 책임을 져야겠다는 생각이 나도 모르게 든다. 그래서 "공부해라.", "책 읽어라." 이런 말은 내 입에서 할 필요가 없다는 것이다. 아이들이 가장 싫어하는 말, 그리고 엄마들이 가장 많이 하는 말, "공부해라." 아이에게 "공부해라."라는 말 대신에 내가 먼저 책을 펴자. 항상 마음속 깊이 되뇌어야 하는 말, 아이를 걱정할 것이 아니라 아이가 보고 있는 나를 걱정해야 한다.

05

나를 기쁘게 하는 시간 반드시 필요하다

육아에다 일까지 병행하다 보면 몸도 지치고 마음도 지친다. 워킹맘 친구들을 만나면 하나 같이 조용히 혼자 있고 싶다는 이야기를 많이 한다. 그리고 커피 한잔 여유롭게 마셨으면 소원이 없겠다고 말한다. 그래서 내가 혼자 있을 수 있는 시간이 주어지면 무엇을 하고 싶냐고 물었다. 친구들이 갑자기 조용해지며 고민을 하기 시작했다. 그런데 정말 아이러니하게도 자신이 무엇을 하고 싶은지 단번에 말하는 친구는 없었다.

얼마 전 티브이에서 최근 유행하는 독특한 트렌드로 화장실을 특별하게 꾸미고 그 안에서 휴식을 취하는 화장실 바캉스에 관해 소개되었다. 그때 몇 년 전 지인이 본인은 화장실에 가서 커피를 마신다고 이야기했던 기억이 났다. 그 당시 처음 들었을 때는 '왜 화장실에 가서 커피를 마시지.'라고 의아했었다. 시간이 흘러 아이가 집이 있으니 나만의 공간에서 멀리 가지 않고도 힐링과 재충전을 할 수 있던 방법이었다는 것을 알게 되었다. 티브이 프로그램에서는 남편이 새벽에 일어나서 화장실에서 쪼그리고 앉아서 담배도 피우고 동영상도 보는 모습이 그려졌다. 그 모습에 사람들은 질타했지만 나는 그 마음을 충분히 알 것 같았다. 일하고 들어오면 육아해야지 요즘은 담배도 아무 곳에서 못 피우지 아내는 아이에게 영상 노출이 좋지 않다고 티브이까지 못 보게 하는 지경이니 삶이 얼마나 고단했겠나 싶다. 그래서 화장실이 자신의 숨통이 틔고 기분이 좋아지는 유일한 공간이 아니었을까 싶다. 화장실 바캉스를 보면서 육아를 하는 부모에게도 혼자만의 시간이 반드시 필요하다는 생각이 들었다.

학교 출근을 하다가 아이를 데려다주는 우리 반 어머니를 만났다. 어머니께서 아이가 오늘 몸 상태가 좋지 않다면서 좀 살펴봐달라고 하셨다. 1교시 수업을 하고 있는데 아이가 갑자기 몸을 오들오들 떨기 시작했다. 표정이 상기되어 있어 가까이 가서 머리를 만져보니 열이 많이 나는 것 같았다. 그래서 아이를 보건실에 데려다주고 어머니와 통화를 했다. 어머니께서 학교에 아이를 데리러 오겠다고 하셨다. 어머니가 도착했을 때는 아이는 해열제를 먹고 잠이 들어있는 상태였다. 그래서 어머니께서 선생님 지금 상담할 수 있냐고 물어보셨다. 마침 전담 시간이라 괜찮다고 말씀드리고 교실에 와서 이야기를 나누었다. 내가 어머니께 무슨 일이 있냐고 여쭈어보았다. 어머니께서 "선생님, 큰일은 아니에요. 제가 아이와 받아쓰기를 연습하다 보니 맞춤법뿐만 아니라 글쓰기가 제대로 안 되는 것 같아서요. 다른 아이들은 어느 정도 인지 궁금했어요."라고 말했다. 어머니는 궁금하다고 하셨지만, 어머니의 얼굴에는 걱정과 근심뿐만 아니라 육아의 고단함까지 보였다.

스마트폰과 영상에 익숙한 아이들은 글 쓰는 것을 힘들어하는 경우가 많다. 알림장에 쓸 내용이 많은 날이면 "글이 너무 많아요."라고 말하며 아이들은 투덜댄다. 그리고 알림장이 없는 날이면 환호성을 지르며 너무나 좋아한다. 그래서 글 쓰는 게 왜 힘드냐고 물어보면 손이 아프고 쓰는 게 귀찮다고 했다. 그런 아이들은 나와 글쓰기 수업을 할 때 항상 하는 말이 "몇 줄 적어야 해요?"이다. 맞춤법은 물론이고 글도 정확한 발음으로 읽지 못하는 경우도 생각보다 많다. 비단 정확하게 읽더라도 내용을 이해하지 못하는 경우는 더 많다. 그래서 어머니께 아이들의 현재 상황을 말씀드리고 지연이는 글도 정확한 발음으로 읽고 내용 이해도 잘하고 자기 생각도 자신감 있게 말하니 걱정할 일이 아니라고 말씀드렸다.

"선생님, 제가 아이가 넷인데 첫째, 둘째도 제가 가르쳤어요. 그런데 셋째만큼 받아쓰기를 못 하지는 않았어요. 매일 연습하는데도 점수가 저러니….”라고 하시며 제가 아이에게 어디까지 해줘야 하는지 한숨이 나온다고 했다. 어머니는 육아에다 학습까지 최선을 다했는데 그만큼 결과가 나오지 않아 답답하셨던 것 같다. 그래서 나는 “그럼 어머니 일도 하시면서 아이들 넷 키우고 공부까지 가르치시는 거예요?”라고 여쭤보았다. 어머니가 “네, 선생님 맞아요.”라고 하셨다. 그래서 내가 “어머니, 요즘 즐거우세요?”라고 물어보니 “선생님, 즐거운 게 뭔가요?”라고 말씀하셨다. 그래서 내가 “어머니는 직장 다니랴, 육아하랴, 아이들 학습까지 하느라 힘드시죠? 받아쓰기 점수는 좀 내려놓으셔도 돼요. 아이 좀 키우고 나면 받아쓰기 점수 때문에 울고 웃었던 내가 참 작게 느껴지는 날이 오거든요. 그래서 어머니를 기쁘게 하는 시간을 조금씩 가지셨으면 좋겠어요. 아이들도 좀 크고 잘 노니 주말이나 저녁에 30분이라도 시간을 내셔서 어머니를 기쁘게 하는 데 사용해 보세요. 어쩜 그것이 더 큰 행복을 불러올 수 있지 않을까요?”라고 말씀드렸다. 어머니께서 웃으시면서 “맞아요. 선생님, 저도 요즈음 지쳐서 휴식이 좀 필요하다고 생각은 했는데 아이들 놓아두고 혼자 시간을 보내는 것이 죄책감처럼 느껴지더라고요. 그게 아니었네요. 오늘 당장 저를 위한 시간 가져야겠어요.”

우리나라 사람들은 아이를 놓아두고 자신의 시간을 가지면 이기적이라는 생각을 한다. 행복도 기쁨도 사랑도 내가 내 안에 가지고 있어야 나누어 줄 수 있는 것이다. 부모가 자신을 위해 만족감을 주고 기쁘게 한다면 아이들도 부모의 행복한 얼굴을 보고 행복한 모습으로 자란다. 부모의 짜증이 난 얼굴을 보면서 아이가 어떻게 행복하다고 느끼겠는가?

나는 아이들과 수업하기 시작 전에도 긍정 확언을 하고 마칠 때도 긍정 확언을 한다. 우리 반에 개시된 5가지 긍정 확언을 돌아가면서 하는데 처음에는 긍정 확언에 관해 설명을 해주고 내가 이끌었지만, 어느 순간 아이들이 "선생님, 오늘은 긍정 확언 뭐 할 거예요?"라고 하면서 아이들이 먼저 하자고 한다. 그래서 내가 "긍정 확언하니까 어때?"라고 물으니 기분이 너무 좋다며 매일매일 하고 싶다고 했다. 그래서 주말에는 집에서 가족들과 할 거라며 함박웃음을 짓는다.

나 또한 매일 아침 하는 것 중의 하나가 긍정 확언이다. 우리 집 화장대 위 거울, 냉장고, 현관 앞에 긍정 확언이 붙어 있다. 그래서 나는 일어나서 거울을 보며 긍정 확언으로 아침을 시작한다. 처음에 긍정 확언을 할 때는 민망하기도 하고 당황스럽기도 했다. 긍정 확언을 하는 나를 보면서 가족들이 웃기도 했다. 아마 처음 보는 광경에 우스꽝스럽기도 했을 것이다. 계속하다 보니 민망함과 당황스러움은 사라지고 이내 나에 대한 확신이 들기 시작했다. 그리고 1년이 지난 지금 나에 대한 가장 강력한 확신을 선물 받게 되었다. 육아하는 데도 있어서 일하는 데도 자신감이 생기고 긍정적인 마음이 매일 느껴진다. 그래서 문제가 생겼을 때 문제를 보지 않고 해결책을 생각할 수 있는 여유까지 생기게 되었다. 그렇게 여유가 생기니 세상 만물이 순조롭게 흘러간다.

학교 선생님이 나에게 물어보았다.

"선생님 자녀는 사춘기 안 왔어요?"

"안 온 것 같은데. 퇴근하면 항상 현관에서 나를 반겨주고 짐도 들어주고 안아주는 것 보면 아직 나를 좋아하나 봐."

이 대화를 나누고 집에 가서 첫째에게 물어보았다.

"아들, 넌 사춘기 왔어?"

"사춘기요? 중1 때 지나갔어요."

"어? 나는 사춘기라고 느끼지 못했는데 언제 지나갔어?"

"'나는 누구인가?'라는 고민을 마음속으로 많이 했어요."

"그래서 질문에 대한 답은 찾았어?"

"아직 찾는 중이에요. 지금까지 생각한 결론은 "나는 나이다."예요."

옆에 있던 둘째가 묻지도 않았는데 "엄마, 저는 아직 사춘기 안 왔어요."라고 말해서 셋이 같이 쳐다보고 웃었다. 누가 그랬던가? 방문을 쾅 닫고 들어가는 것만 사춘기라고…. 사춘기도 생각하기 나름이다. 아이의 사춘기도 성장의 일부분이라고 생각하고 부모가 기쁘게 받아들인다면 서로가 편안하게 사춘기를 보낼 수 있지 않을까?

나는 가족을 위해 저녁 준비를 하고 저녁을 함께 먹으며 이야기하는 시간이 참 행복하다. 그래서 퇴근을 하면 양손 가득 장을 보고 와서 앞치마를 두르고 콧노래를 부르며 저녁 준비를 한다. 저녁 준비를 한참 하고 있으면 첫째가 살며시 와서 나를 안아주며 볼을 비빈다. 그리고 나는 돌아서서 첫째를 꼭 안아준다. 그 모습을 본 둘째는 달려와서 나와 첫째 사이에 폭 안긴다. 이보다 더 기쁜 시간이 어디 있을까 싶다.

요즘 우리 반 아이들을 보고 있기만 해도 기쁘고 행복하다. 웃으며 재잘재잘되는 모습, 즐겁게 밥 먹는 모습, 손에 무언가 쥐고 꼼지락거리는 모습까지. 그냥 쳐다보고 있어도 웃음이 절로 난다. 선생님이 되고 처음부터 이런 마음이 든 건 아니었다. 아이를 낳고 키우다 보니 아이 한 명 한 명이 얼마나 귀하고 소중한 존재인지 알게 되었다. 아이들 모습, 하는 말, 행동 그 아무것도 상관없이 그냥 예쁘다. 아이라서 말이다. 그런 아이들이 내가 힘들어하는 얼굴로 있으며 나에게 와서 "선생님, 예쁜 꽃 보고 웃으세요."라고 말하며 꽃받침 한 얼굴로 나에게 환한 웃음을 선물해 준다. 그럼 나도 모르게 입가에 웃음이 지어진다. 부모들은 꼭 알았으면 좋겠다.

이런 사랑스러운 아이가 당신의 아이라는 걸. 그리고 내 옆 있는 아이를 보고 매 순간 기뻐하자. 그럼 육아가 기쁨의 시간이 될 것이다.

'긍정'으로 부모의 그릇을 채워라

나는 어렸을 때 어떤 일을 하든지 '어른들이 어떤 반응을 보이는가?'를 생각하며 맞추려 노력했다. 그래서 열심히 공부하고 좋은 점수를 받는 것이 부모님을 기쁘게 하는 것으로 생각했다. 그렇게 나는 인정과 칭찬에 의존하는 사람으로 자랐다. 현실에 안주하며 똑똑하게 보일 것, 지금 내가 가진 재능이 다다, 노력이라는 가치를 절하하며 가능성을 시도해보지도 않은 채 살아가고 있었다. 더 무서운 것은 내가 그런 생각을 하고 사는지조차 인식하지 못했다는 것이다.

그때 나는 캐럴 드웩의 『마인드셋』이라는 책을 알게 되었고 이 책을 읽고 나서 지금까지 내가 믿어왔던 모든 것이 송두리째 흔들렸다. 그리고 내가 지금까지 경험해 온 것과 모든 것을 놓아주고 다른 세상으로 들어가게 되었다. 생각 전환이 크게 일어나게 된 것이다. 그 책을 읽으며 나는 가치 있고 한계가 없으며 자신을 믿고 사랑하라는 메시지가 마음속 깊이 들어왔다. 그리고 나를 위한 행위들을 하기 시작했다.

첫 번째는 강점을 찾는 것이었다. 태어나서 처음으로 '나의 강점이 뭘까?' 고민하고 찾아보기 시작했다. 그때 갤럽 프레스가 지은 『위대한 나의 발견 강점혁명』이라는 책을 알게 되었다. 이 책을 읽고 나의 강점을 찾는데 많은 도움을 받았다. 덕분에 나의 강점을 찾을 수 있었고 그 강점을 적어보았다. 나의 강점을 적어보기만 했는데도 내가 대단한 사람처럼 느껴졌다. 예전에 자기소개서 쓸 때 항상 있는 칸이 장점, 잘하는 것, 좋아하는 것이다. 나는 그 칸을 볼 때마다 '왜 이런 걸 쓰라는 거야! 도대체 내 장점도 모르겠고 잘하는 것도 모르겠는데 말이야.' 하면서 화가 났던 기억이 났다. 우리 탓이 아니다. 시험 문제 정답만 찾던 우리는 내가 무엇을 잘하는지 좋아하는지를 생각해 본 경험이 없었기 때문이다. 나의 강점을 찾아보고 남편의 강점도 찾아보았다. 남편의 강점을 찾아 적어보고 바라보는 순간 남편이 180도 달라 보이기 시작했다.

두 번째는 긍정적인 말버릇을 장착하는 것이었다. 우리는 하루 동안 6만 번의 말을 하며 살아간다. 우리가 하루 동안 하는 말을 연구해 보니 대부분 하는 말이 부정적인 말이었다. 우리의 일상이 비판, 비난, 비교들이 가득한 말들로 채워져 있다는 것이다. 하지만 대부분 사람은 자신이 부정적인 말을 이렇게 많이 하고 사는지 알지 못한다. 나 또한 그러했다.

인터넷 카페를 운영하던 지인이 나에게 이렇게 말을 했다.

"카페를 운영하다 보면 사람들이 댓글을 많이 달아요. 활동을 많이 하는 분들은 개인적으로 만나는 경우가 있어요. 최근에 항상 부정적으로 댓글을 다시는 분이 몇 분 있었어요. 그분들과 강의에 같이 참석하게 되었는데 대화를 하다 보니 자신은 아주 긍정적인 사람이라고 소개를 하더라고요. 제가 수백 명의 사람을 만났는데 자신은 부정적인 말을 많이 하는데 긍정적이라고 생각하는 사람이 생각보다 진짜 많았어요."

지인의 이야기를 들으며 '나는 긍정적인 말을 많이 할까? 부정인 말을 많이 할까?'라는 생각이 들었다. 그래서 나는 학교에서 내가 수업하는 모습뿐만 아니라 가정에서 아이들에게 하는 말까지 동영상으로 찍어 보았다. 내가 긍정적인 말을 많이 쓰는지 부정적인 말을 많이 쓰는지 궁금했기 때문이다. 처음에는 영상을 보기가 두려웠다. 잠시 고민을 했지만, 지금이 기회라고 생각하고 용기를 내어 영상을 보았다. 나는 학급에서나 가정에서 아이들에게는 웃으며 긍정적인 말을 많이 했다. 그런데 남편에게 부정적인 말을 많이 한다는 것을 알게 되었다. 나는 퇴근길에 항상 남편에게 전화해서 학교에서 일어난 일들을 이야기하는 것이 일상이었다. 그런데 그 이야기 속에는 부정적인 말이 많았다. 그런 남편은 매일 나의 부정적인 감정 받이 역할을 했다는 것을 알게 되었다. '남편이 얼마나 힘들었을까?' 하는 생각이 들었다. 그래서 나는 남편에게 긍정적인 말만 하기로 마음먹었다. 나는 긍정적인 말을 꼽으라고 하면 "감사합니다. 사랑합니다."라고 생각한다. 그래서 남편에게 이 말을 가장 많이 해주었다. 그런데 신기하게도 내가 남편에게 "감사합니다. 사랑합니다."라는 말을 많이 할수록 남편도 나에게 긍정적인 말을 많이 해주었다. 긍정적인 말을 서로 주고받으니 부부 사이가 좋아지고 부부 사이가 점점 더 좋아지니 이보다 행복할 수가 없다.

세 번째는 긍정 확언이다. 내가 존경하는 지인이 나에게 너는 거울을 보고 너에게 사랑한다고 말해 본 적이 있냐고 물었다. 그 말을 듣는 순간, 머리를 한 대 맞은 느낌이었다. 나는 사랑한다는 말을 많이 한다. 학급 인사조차도 "사랑합니다. 행복하세요."이니 말이다. 그런데 나에게는 사랑한다는 말을 해준 적이 없다는 것을 알게 되었다. 그래서 나는 그날부터 긍정 확언을 필사하고 매일 아침 나에게 거울을 보며 긍정 확언을 하게 되었다. 긍정 확언을 할수록 자신감이 생기고 자존감이 올라가고 현실에 긍정적인 변화를 끌어낸다는 것을 경험하게 되었다.

나는 나 자신을 사랑하고 존중합니다.
나는 오늘 하루를 성공적으로 보낼 수 있습니다.
나는 내 인생의 주인공입니다.
나는 내 목표를 달성할 수 있는 능력이 있습니다.
나는 긍정적인 에너지를 주변에 전파합니다.
나는 모든 도전에 용기 있게 맞섭니다.
나는 나의 가치를 인정합니다.
나는 건강하고 행복한 삶을 살아갑니다.
나는 성장하고 발전할 힘이 있습니다.
나는 감사하는 마음으로 하루를 시작합니다.

나는 긍정 확언을 아침에만 하지 않는다. 중요한 순간에 반복함으로써 긍정적인 마음가짐을 항상 유지한다. 긍정적인 마음가짐을 유지하려고 긍정 확언을 하는 게 아니라 긍정 확언을 하면 긍정적인 마음가짐이 유지된다.

네 번째는 감사 일기 쓰기다. 내가 매일 하는 것 중의 하나가 감사 일기 쓰기이다. 매일 감사한 일 3가지를 쓰고 이유를 쓴다. 어떤 날은 감사한 일이 너무 많아 감사한 적도 있다. 하루는 책을 읽다가 감사함에 관한 이야기가 있었다.

“우리 삶에서 가장 중요한 물질인 공기는 공짜로 얻는다. 살아 있는 동안 계속 숨 쉴 수 있을 만큼 충분한 공기가 존재함에 감사하다.”

이 문장을 읽고 ‘세상은 이토록 우리에게 가장 소중한 공기를 공짜로 주는구나.’라는 생각이 드는 순간, 그날부터 모든 것에 감사함이 절로 나오기 시작했다. 길가에 핀 꽃을 봐도 감사하고, 매일 나를 안전하게 태워주는 자동차에도 감사하고, 나에게 튼튼한 두 다리가 있어 감사하고, 매일 눈 뜰 수 있음에 감사하고 내 옆에 있는 가족의 존재함에 감사했다. 그렇게 감사함으로 가득 차니 내 세상이 경이로움으로 가득 찼다. ‘하늘을 나는 기분이 이런 건가?’ 하는 생각이 들었다. 감사함을 말하다 보면 기분이 좋아진다. 기분이 좋으니 다른 사람들에게 칭찬을 많이 하게 된다. 그럼 내 눈에 보이는 사람들이 웃고 즐거워하고 있다. 내 눈앞에 있는 아이도 남편도 말이다.

다섯 번째는 버킷리스트를 적는 것이다. 버킷리스트는 죽기 전에 하고 싶은 일들을 리스트로 적어서 실천해 보는 것이다. 사람들이 죽기 전에 가장 후회하는 것이 ‘내 아이한테 사랑한다고 말할걸’, ‘남편에게 친절하게 말할걸’, ‘부모님에게 연락을 자주 할걸’이었다. 꼭 버킷리스트를 죽기 전에 할 필요가 있을까? 나는 지금 당장 해라고 한다. 내가 미래에 되고 싶은 것, 하고 싶은 것, 갖고 싶은 것을 적어본다. 그리고 이미 이루어진 미래를 상상해 본다. 상상하면 가슴이 뛰고 설렌다. 나의 버킷리스트 중 하나는 내 이름으로 된 책을 출간하는 것이었다. 쓰고 상상하면 이루어진다는 것을 나는 경험으로 알게 되었다. 이런 경험을 매일 기적처럼 누리고 사는 삶이 얼마나 행복하겠는가?

교무실에 내려갔는데 선생님이 나에게 이렇게 말했다.

"선생님, 요즘 어떠세요? 새로운 업무부장에다 3월이라 정신이 없으시죠?"라고 물어보았다. 그리고 민원 때문에 힘들다는 이야기 하셨다. 그래서 내가 "저는 업무는 처음이지만 제가 몰랐던 것을 하나씩 알아가고 오늘도 해낸 제가 자랑스러워요. 그리고 선생님만큼 민원에 대처를 잘하시는 분은 없을걸요?"라고 말씀드리니 눈을 동그랗게 뜨고 나를 쳐다보았다.

나에 대한 확신이 생기고 내가 나를 위대하고 자랑스럽게 여기니 세상에 모든 사람 하나하나가 위대하고 대단하다는 생각이 든다. 아이 역시 더없이 위대하고 대단한 존재라는 것은 자명하다. 결국, 긍정도 나를 사랑하는 것이다. 나를 사랑하면 할수록 내 마음에 위대함, 선함, 아름다움이 넘치게 된다. '긍정'은 새로운 삶을 위한 필수다. '긍정'을 내 몸에 익히면 인생이 조화로워진다. 인생이 조화로워지면 마음이 평온해지고 육아도 수월해진다. 육아 이전에 '긍정'으로 부모의 그릇부터 채워 현재 상황에 구애받지 않고 좋은 결과를 예상하면서 과정 자체에 몰입하는 긍정적인 태도를 만들자!

부모가 행복하면 아이는 절로 행복해진다

부모들에게 육아의 목표가 뭐냐고 물으면 하나 같이 '행복'이라고 말한다. 아이가 행복하게 산다면 더 바랄 게 없다고 한다. 예전에는 부모들이 바라는 육아의 목표는 '성공'이었다. 사회적으로 성공하기만 하면 행복은 저절로 따라서 올 거라고 믿었기 때문이다. 그런데 미디어와 SNS의 발달로 공인들의 사생활이 노출이 급격하게 늘어나기 시작했고 공인들에게 CCTV가 따라다닌다고 해도 무방한 사회가 되었다. 그래서 소위 사회적으로 성공했다는 사람 중에도 실제로 행복하게 사는 경우가 그렇게 많지 않다는 사실을 알게 되었다. 이제 사람들은 눈에 보이는 것이 다가 아니라는 사실을 잘 알고 있다. 어쩜 예전 부모 세대보다는 현명하다는 생각이 든다. 그런데 요즘 부모 세대는 자신이 자랄 때 누리지 못한 '행복'에 대한 결핍이 '아이는 행복해야 해.'라고 강박처럼 여긴다. 그래서 아이가 행복할 수만 있다면 뭐든지 다 할 기세이다. 그런데 여기서 부모는 한 가지 간과하고 있는 것이 있다. 바로 정작 본인의 행복에 대해서는 무심하다는 것이다. 어쩜 '행복'조차도 아이를 통해 대리만족하려는 심리가 있지 않나? 하는 생각이 들었다. 예전에는 자식이 성공하면 부모도 성공한 부모라고 여겼다. 요즘은 자식이 행복하면 부모도 행복한 부모라고 여긴다.

부모들은 손꼽아 매일 기도하듯 되뇐다. '신이시여, 제발 내 아이가 행복하게 살 수 있기를….' 목 놓아 바라고 또 바란다. 그리고 말한다. "엄마는 괜찮아. 너만 행복하면 돼. 네가 행복하면 엄마도 행복하니까." 부모의 행복을 위해 아이는 무조건 행복해야 한다. 내가 행복하지 않으면 부모까지 행복하지 않으니까. 부모를 너무나 사랑하는 아이는 자신이 행복해지기 위해 최선을 다한다. 그런데 그때 궁금증이 생긴다. '과연 행복이란 무엇일까?' 아무리 생각해도 답이 안 나온다. 그리고 옆을 보니 부모는 서로에게 비난하는 말을 하고 불평을 늘어놓으며 행복해지기 바라는 아이조차도 남과 비교를 한다. 그런 부모의 얼굴은 화가 많이 나 있다. 아이가 보았을 때 부모의 모습은 행복과 거리는 좀 멀어 보인다. 부모도 행복해 보이지 않는데 '행복의 롤모델을 어디서 찾지?'라고 생각하며 주위를 두리번거린다. 도무지 생각해도 행복해지는 게 어떤 건지 모르겠다. 아이에게 행복해지는 것이 너무나 어려운 일이 되어 버린다. 그럼 아이에게 행복조차도 부담감으로 다가오지 않을까?

나는 행복에 대해 관심이 많아 공부를 하다 보니 결국 행복은 순간적인 기쁨과 즐거움에서부터 전반적인 삶의 만족감과 충만함이다. 만족감과 충만함은 자신의 행복에 지대한 영향을 준다는 생각이 들었다. 자신에 대한 만족감이 넘치는 사람은 일단 표정이 늘 편안하다. 또 긍정적이어서 같이 있는 사람도 기분이 좋아진다. 그리고 자존감이 높아 나와 남을 서로 다른 객체로 존중하므로 다른 사람이 하는 말에 쉽게 상처를 받지 않는다. 배려심이 깊고 공감능력이 뛰어나 남에게 상처를 주는 일도 없다. 행복한 사람은 혼자 있어도 외로움을 느끼지 않는다. 자신과 있는 것이 행복하니 남에게 간섭도 잘 안 한다. 행복한 사람은 어려운 일이 생겨도 잘 될 거라는 긍정적인 결과에 초점을 맞춰 노력한다. 그리고 항상 감사하는 마음을 가지며 조그만 일에도 감사의 말을 자주 한다.

행복도 마치 자동온도조절장치와 같다는 생각이 든다. 자동온도조절장치는 일정 온도를 맞춰놓으면 일정 온도에서 온도가 떨어지면 모터가 돌아가서 에너지를 생산해서 다시 온도를 올린다. 이렇듯 행복한 사람은 행복 에너지가 떨어지면 스스로 알아채고 다시 그 행복 에너지를 올리기 위해 노력을 한다. 그래서 항상 행복하다. 그러므로 아이가 행복 에너지에 주파수에 맞추기 위해서는 함께 있는 부모가 행복 에너지에 주파수가 맞춰져 있어야 한다는 것이다.

그럼 답은 나오지 않을까? 부모가 서로 존중하고 배려하며 긍정적인 말을 하고 서로에게 감사하며 산다면 굳이 아이에게 행복이라는 것을 애써 가르칠 필요가 있을까? 반대로 부모가 서로를 탓하고 상대를 남과 늘 비교하고 불행하다고 느낀다면 아이 또한 자신을 탓하고 늘 남과 비교하며 불행 속에서 살지 않을까?

결혼하고 아이를 낳으면 약 67%의 부모가 첫 3년 동안 부부 사이가 급격히 나빠진다고 한다. 나도 첫 아이를 낳고 나서 가정생활에는 많은 변화가 일어났다. 모든 생활 중심이 아이 위주로 흘러갔다. 나의 모든 시간을 아이에게 쓰면 쓸수록 나도 모르게 남편에 대한 불평이 입 밖으로 나오기 시작했다. '온종일 애 보고 있는데 저녁을 꼭 내가 차리려야 하나?', '남자가 여자보다 힘도 센데 아이 목욕은 좀 도맡아 주면 안 되나?', '아이와 같이 있을 시간이 다시 돌아오지 않는데 아이와 좀 즐겁게 놀아주면 안 되나?' 하는 기대가 조금씩 생기기 시작했다. 기대는 점점 더 높아졌고 그 기대에 부응하지 못하는 남편에게 내 잣대로 평가하기 시작했다. 그런 남편을 보니 하나부터 열까지 마음에 드는 구석이 없었다.

그러던 찰나에 조남주 님이 지은 『82년생 김지영』이라는 책을 읽게 되었다. 나는 그 책을 읽으면서 육아하는 내내 남편에 대해 불평만 한 나와 마주하게 되었다. 내가 말로는 남편을 이해한다고 했지만, 가슴으로 이해받지 못한 남편이 보였다. 모유 수유한다고 새벽에 잠을 못 잔 나를 위해 살금살금 다니는 남편의 모습, 아침잠이 많은 나를 위해 출근 전 새벽에 아이를 봐주고 아침도 못 먹고 출근하는 남편의 모습, 내가 아이와 놀이한답시고 엉망진창으로 해 놓은 집을 말없이 정리해 주던 남편의 모습, 아이가 늦게까지 잠을 안 자면 1시간이고 2시간이고 아이를 안고 재워주던 남편 모습들이 떠오르기 시작했다. 그때 나는 나의 힘듦에만 집중해서 상대방 또한 힘들다는 생각조차 할 여유가 없었다는 것을 깨달았다. '내가 힘들면 상대는 더 힘들구나!'라는 생각이 스치는 순간 '너 때문에'라는 말을 달고 살았던 나는 '너 덕분에'라는 말로 바꾸어 이야기하기 시작했다. 그리고 내가 듣고 싶은 말을 남편에게 먼저 해주었다. 시간이 지날수록 남편에 대한 긍정적인 감정이 온몸을 감싸는 느낌이 들었다. 그날 나는 남편을 보며 "당신과 함께여서 정말 행복해요. 나 결혼 정말 잘했어요. 다음 생에 다시 태어나도 당신과 결혼할래요."라고 말했다. 그 말을 들은 남편이 "나는 결혼한 순간부터 그렇게 생각하고 말했는데 당신은 이제 그 생각이 드나 봐요"라고 했다. 그 말을 듣는 순간, '남편은 항상 나를 사랑해 주었는데 나만 몰랐었네. 이제라도 알아서 참 다행이다.'라는 생각이 들었다. 그래서 매일 나는 감사의 말로 보답한다. "당신과 함께여서 정말 행복해요."라고 말이다.

행복하지 않은 사람들은 '나는 행복해질 거야!'라고 말하며 정작 현재 이 순간은 행복을 느끼지 못한다. 매일 미래의 행복을 좇으면서 산다. 그리고 그 행복을 타인에게서 찾고자 한다. '네가 행복하면 나도 행복하다.' 어불성설 아닌가? 아이들은 부모라는 세계에서 보이는 모든 것을 통째로 배운다. 부모가 불행하면 그 속에서 자란 아이는 행복이라는 것이 무엇인지 알 수가 없다. 모두가 가난하면 부유함이 뭔지 모르듯이 말이다.

내 아이가 행복하게 진심으로 살기 원한다면 아이의 행복을 위해 '내가 무엇을 해줘야 할까?' 고민하지 말고 '과연 나는 행복한가?'부터 생각해 보자. 부모는 자신이 행복해지기 위해 치열하게 노력해야 한다. 부모가 할 일은 그저 아이에게 행복한 부모를 보여주는 것이다. 부모가 행복을 느껴본 적이 없으니 어떻게 행복해지냐고 도리어 물어볼 수 있다. 지금 당장 부모가 행복해지는 한 가지 비법이 있다. 바로 아이에 대한 부모의 생각을 바꾸는 것이다. '네가 행복하면 나도 행복하다.' 생각 대신 '네가 옆에 있는 것만으로도 행복하다.'라고 생각해 보면 좋겠다. 미래를 보지 말고 현재만을 보는 것이다. 현재를 영어로 하면 Present다. Present 또 다른 의미가 선물이지 않은가? 지금 현재 아이가 곁에 있는 것만으로 행복하다고 느끼는 것이 인생에 가장 큰 선물이지 않을까 싶다. 그럼 부모의 행복한 모습만으로도 행복이 무엇인지 알 수 있고 아이는 저절로 행복해질 수 있다.

미혼인 선생님들이 나에게 묻는다.

"결혼하고 아이를 낳으면 뭐가 좋아요?"

아이를 낳아 기르는 행복감을 말로 표현하기에는 어떠한 미사여구를 사용하더라도 부족하다. 나를 엄마라 부르며 손을 뻗어 나를 반겨주는 아이가 있는 것, 아이가 커 가는 모습을 지켜볼 수 있는 것, 아이와 살 비비며 함께 있을 수 있는 것, 아이와 서로 쳐다보며 웃을 수 있다는 것, 아이의 엄마라는 것 자체가 전율로 느껴질 만큼 행복한 일이기 때문이다. 그중 으뜸은 아이의 존재만으로도 행복하다는 것이다.

행복은 가만히 기다린다고 저절로 오지 않는다. 행복은 남이 나를 위해 만들어주지 않는다. 행복은 원래 스스로 만들어 가는 것이다. 행복해지기 위해 애쓰고 노력한 사람만이 행복을 누릴 자격이 있다. 내 아이가 행복하기 전에 부모가 먼저 행복해야 한다. 부모가 행복하면 아이도 행복하고 부모가 사랑이 가득하면 아이도 사랑 안에서 빛난다. 그 행복의 씨앗은 부모가 뿌리는 것이다. 그 뿌린 씨앗에 사랑이라는 물을 주고 긍정이라는 햇볕을 쬐어줄 때 아이들 가슴에서 행복이라는 꽃을 피우는 것이다. 딱 한 가지만 생각했으면 좋겠다.

우선, 나부터 행복해지자!

오늘부터 나는 우리 아이 다시 키우기로 했다

초판인쇄 2024년 11월 20일
초판발행 2024년 11월 30일

지은이 김화정
발행인 조현수
펴낸곳 도서출판 프로방스
기획 조영재
마케팅 최문섭
편집 이승득
디자인 호기심고양이

본사 경기도 파주시 광인사길 68. 201-4호
물류센터 경기도 파주시 산남동 693-1
전화 031-942-5364, 5366
팩스 031-942-5368
이메일 provence70@naver.com
등록번호 제2016-000126호
등록 2016년 06월 23일

정가 18,000원
ISBN 979-11-6480-370-5 13590